国家自然科学基金资助（50808080）
华南理工大学中央高校基本科研业务费专项资金资助（2009ZM0322）

城市住区绿色评估体系的应用与优化

王静　著

中国建筑工业出版社

图书在版编目（CIP）数据

城市住区绿色评估体系的应用与优化 / 王静著. —北京：中国建筑工业出版社，2010.8

ISBN 978-7-112-12450-3

Ⅰ. ①城… Ⅱ. ①王… Ⅲ. ①居住环境—环境质量—评价 Ⅳ. ①X821

中国版本图书馆CIP数据核字（2010）第187288号

责任编辑：易　娜
责任设计：李志立
责任校对：张艳侠 刘钰

城市住区绿色评估体系的应用与优化

王静　著

*

中国建筑工业出版社出版、发行（北京西郊百万庄）

各地新华书店、建筑书店经销

北京京点图文设计公司制版

北京市密东印刷有限公司印刷

*

开本：787×1092毫米 1/16 印张：9 1/4 字数：230 千字

2010年8月第一版 2010年8月第一次印刷

定价：35.00 元

ISBN 978－7－112－12450－3

(19722)

前　言

我国住宅绿色评估体系是在许多学者长年不懈努力下，基于国外相关经验发展而来，并逐步成为适用于城市住区进行绿色建设指导与认证的主要工具。

由于单纯的住宅绿色评估体系着重单体建筑的环境效能，城市住区则是一个复合系统，因此从单体建筑评估演化得来的住区评估系统在实际应用时存在着一些操作问题。而且，现有的评估体系多数重视结果控制，即通过检验绿色的最终成色来实现绿色的原本目标。这种绿色评估的设计方式没有充分满足以建筑师和地产开发者为代表的评估体系执行者的需求。站在他们的角度，评估体系应把关注点更多投向可操作性，因为绝大多数的执行者需要评估体系扮演辅助的作用，从而将绿色目标完美地转化为绿色结果。这些现实存在的需求意味着现有的评估体系需要提升自己的指导作用。

本书基于现实问题，立足评估体系的指导作用展开探索。尝试改变评估体系结果控制的设计模式，转而采用过程过程控制的方法，主要针对设计阶段的过程控制。研究重视提升评估体系的应用范围度和操作灵活性，旨在强化其指导作用。主要内容包括三大部分：第一部分，介绍国内外建筑绿色评估体系的发展与实践情况，重点比较国内外典型住宅绿色评估体系的指导作用，分析我国现有住宅绿色评估体系指导作用偏弱的原因；第二部分，采用我国现有的典型住宅绿色评估体系对城市新建住区进行模拟评估，总结应用过程中指导作用的不足之处，利用管理学原理对住宅绿色评估体系的标准进行筛选；第三部分，从我国城市主要的环境问题出发，应用灰色判定的方法对优化标准进行序化，以“自下而上”的角度建立概念模型，最终设计一套城市住区设计阶段的绿色评估方法框架。

随着建筑行业的可持续发展，绿色评估研究也在不断推进中。如何优化现有的评估体系加强其指导作用，吸引更多的人参与其中，这对于评估体系今后的完善与推广无疑是至关重要的。

目　　录

第一章　引言

当人类向着他所宣告的征服大自然的目标前进时，他已写下了一部令人痛心的破坏大自然的记录。

——《寂静的春天》

1.1　困境里的希望

1.1.1　困境：环境问题的爆发

人类在创造辉煌现代文明的同时，也肆意践踏和逐步毁灭着周遭的物质世界。随着环境的严重恶化，挽救水星濒临险境的生态环境，实现人与自然的和谐共处，无疑已经成为全球共识。

建筑产业是制造地球环境问题的主角之一，据欧洲建筑师协会统计："全球的建筑相关产业消耗了地球能源的 50%、水资源的 50%、原材料的 40%、农地损失的 80%，同时产生了 50% 的空气污染，42% 的温室气体、50% 的水污染、48% 的固体废弃物、50% 的氟氯化合物"。

在我国，营建适宜的人居环境是政府与公众关注的焦点。而城市住区作为城市人居环境的主要组成部分，也被给予了越来越多的重视。自 20 世纪 80 年代改革开放后，经济迅速发展，带动了城市化的空前发展。随着我国人均国民生产总值突破了 800 美元以及加入世界贸易组织，大城市成为城市化的重点，城市居民的住房需求也随之日益激增。在强大需求的推动之下，我国的城市住区进入了一个高速发展进程，数量也在急剧增加中（表 1.1）。

全国住宅建设投资占GDP的比重　　表1.1

时间	住宅建设投资总额（亿元）	国内生产总值（亿元）	住宅建设投资占GDP比重
"六五"时期	2176.20	32227.00	6.8%
"七五"时期	5268.30	72550.10	7.3%
"八五"时期	14403.12	188127.80	7.7%
"九五"时期	31615.95	392163.50	8.1%
1981～2000年	53463.57	685068.40	7.8%

资料来源：杨慎．房地产与国民经济．北京：中国建筑工业出版社，2002

城市住区在高速发展的过程中暴露了不少问题，具体涉及了经济、社会多个层面，在生态环境领域也出现了非常突出的问题。城市住区建设中，由巨大的建设数量与急切的居住舒适性需求直接导致了大量住区出现，其中很大一部分是以破坏原有环境的代价建成的，这对城市环境施加了巨大的压力，引发了环境显著恶化以及资源逐渐枯竭等多重问题。

“我国住宅建设过程中，耗能达到总能耗的 20% 多，耗水占城市用水 32%，城市用地中有 30% 用于住宅，耗用的钢材占全国用钢量的 20%，水泥用量占全国总用量的 17.6%。住宅建设的物耗水平与发达国家相比，钢材消耗高出 10% ～ 25%，卫生洁具的耗水量高达 30%，每拌和 1 立方米混凝土要多消耗水泥 80 公斤。”

在严重的环境问题面前，我们不得不开始深思城市住区与环境的关系。如何对城市空间进行集约利用，实现生态环境保护？切实可行地保证我国城市住区真正的可持续发展。

1.1.2 希望：建筑绿色评估体系的出现

展开建筑绿色评估体系的研究无疑是脱离困境的希望。

国外发达国家在 20 世纪 90 年代开始探索建筑绿色评估体系。相关研究学者希望能通过详细数据的验证后能建立起一套参照系，最终客观评估对象可持续发展的实际状况，也即是建筑的“绿色”成色。评估体系问世后的 20 余年里不断的发展壮大，而研究者们在持续的应用过程中，收集、整理与总结了评估体系存在的种种问题，并根据深入分析的结果，对评估体系做出合理的调整与更新。

我国探索建筑绿色评估体系的起点源自对国外成熟的建筑绿色评估体系的学习与借鉴。只不过，国外发达国家的建筑绿色评估体系的最初评估版本均针对办公建筑类型，而我国的评估体系则是选择住宅建筑入手。但我国的住宅绿色评估体系在经历了数年的研究后，实际的应用范围依然非常有限，市场的占有率也偏低。现阶段的住宅绿色评估体系的主要用途是为城市住区进行绿色标识，根据评估结果对评估体系进行回馈优化的机制还不够完善与健全。

1.2 发展中的探索

鉴于我国住宅绿色评估体系应用于城市住区中出现的种种问题，极有必要通过优化现有绿色评估体系来改善现状，有效促进我国城市住区绿色建设工作的健康发展。因此，本书尝试了一项基于我国现有住宅绿色评估体系的优化研究工作，分析如何增强现有评估体系的指导作用，使之更适应我国国情，更具有操作性，同时在我国城市城市住区更为适用。

1.2.1 基于住宅绿色评估体系的拓展研究

研究是在我国住宅绿色评估体系的基础上展开的，根据工作推进的具体步骤，大致分为三个部分：第一部分比较研究，通过对于翔实资料的分析对比，寻求国内外建筑绿色评估体系中的规律性与矛盾点；第二部分实证应用，讨论我国住宅绿色评估体系应用实践中出现的实际问题，尝试解决问题的方法；第三部分优化研究，结合第二部分研究成果以城市住区为对象建立一套绿色评估的方法。

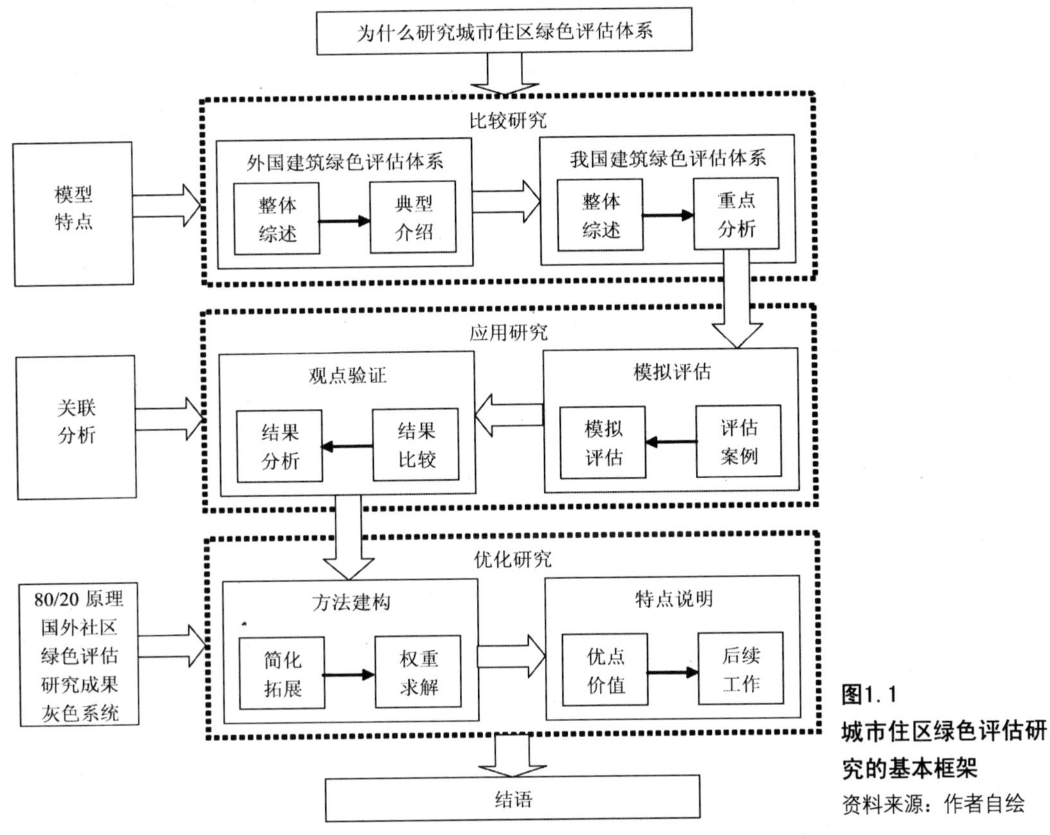

图1.1
城市住区绿色评估研究的基本框架
资料来源：作者自绘

1.2.2 学科交叉与量化分析的工作方法

研究探索需要一套系统的工作方法：归纳总结、调查走访、实证应用、比较分析与多学科工具应用等等。在起步阶段，通过收集整理大量的国内外文献资料，建立对于建筑绿色评估全面的理解；为使问题阐释得更为清晰，借助量化分析工具形成各类组织结构图表，达到清晰、明确、直观的效果；广泛借鉴系统科学、生态学、统计学、管理学等多学科的基础理论和研究成果，对研究的问题实现多元求解的效果。这种在实证应用中发现问题、分析问题、解决问题的过程，正是体现了建筑学专业的实践特征。

1.2.3 促进人居环境可持续发展，接轨国家环境政策

城市住区作为城市中相对独立的综合体，是整个城市生态大系统有机平衡中的重要组成部分。而大量城市住区的批量生产和重复建设，

使得原有环境的结构和秩序被逐渐改变，造成人居环境的不断恶化。同时城市住区又是我国建筑行业中消耗资源和能源的大户。因此，城市住区应在建筑行业的可持续发展中扮演当仁不让的主角。目前，我国人居环境的宏观系统（城市）和微观系统（单体建筑）已经展开对于可持续的广泛研究。而探讨适应中国国情的城市住区绿色评估，从而引导城市住区走可持续发展的道路，研究促进了我国人居环境中观尺度系统可持续发展研究的发展。

城市住区的绿色评估研究不仅促进了绿色评估体系自身的发展，而且研究也能为政府制定环境政策与规范提供相关的依据与案例，使得评估体系与国家环境政策有更好的匹配性，而具有指导性和可行性的政策规范会为评估体系的发展创造了良好的外部环境。

第二章　为什么研究城市住区绿色评估体系

2.1　建筑绿色评估体系的外延

2.1.1　生态系统、环境问题与可持续发展

正如绪论所述，环境问题是全球性的难题。而环境问题的实质是现代文明同生态系统之间的矛盾。自工业革命之后出现并不断壮大的“人类中心”价值观，在当今时代终于遭遇了巨大的挑战。随着“人类中心”观念的变革，人的生产与思维方式发生了根本转变，对待环境问题人类作出了“可持续发展”的抉择。在可持续发展战略下，人与自然的关系被重新定位。

（1）生态系统

生态学[1]一词最早由德国生物学家赫克尔（Ernst Haeckel）于1869年提出，这也被认为是现代生态学产生的标志。目前一般生态学专著或教科书中生态学的定义通常是：“研究生物与环境之间相互关系的科学”。1935年，英国植物学家坦斯利（A. G. Tansley）提出了生态系统（Ecosystem）的概念，后继者将生态系统的概念具体化为一个系统的综合实体，被定义为生物群落及其环境相互作用的自然系统。生态系统突出强调了生物与其环境之间的关系，强调生态学研究的重点是各组分间相互依存的关系，而非一个个孤立的单体（图2.1）。

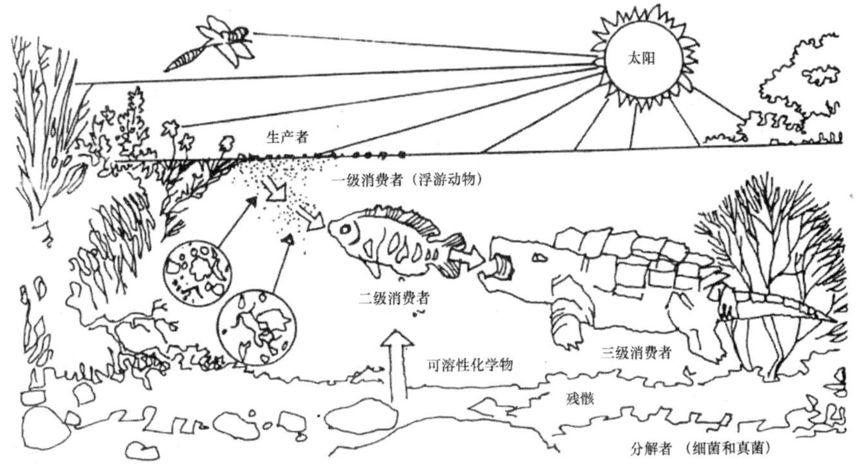

图2.1
自然生态系统示意图
资料来源：陈易．自然之蕴——生态居住社区设计．上海：同济出版社，2003

各种不同类型的生态系统都具有开放性，处于不断的运动之中。一般认为，当生态系统中的能量流动和物质循环能较长时间地保持平衡状态时，该系统达到了生态平衡。不过生态平衡仅是种相对的平衡，

处于平衡状态的生态系统当受到外力干扰时，自身会产生一种恢复调节的能力，能够从不平衡状态返回平衡状态。这种调节与恢复能力常取决于生态系统组成成分的多样性，以及能量流动和物质循环的复杂性。任何生态系统的自身调节和恢复能力都存在一定的阈值，超出便会导致整个平衡的破坏。

通常，物种多样较高的生物群落，系统的自我调节能力较强，生态平衡较容易维护；反之，人工生态系统，自我调节能力较差，生态平衡较为脆弱，容易遭到破坏。人类社会所在区域，由于生态平衡很容易遭受破坏，一旦破坏后，又难以恢复平衡，因此滋生出大量的环境问题。

（2）环境问题

环境问题是由自然或人为活动所导致的全球环境或区域环境中出现不利于人类生存和社会发展的各种现象，它随着人类社会的发展逐渐产生并迅速加剧。

人类在远古时期对自然施加的影响较小，但是随着人类生存能力的逐渐增强，兴起的农业文明开始引发对生态的破坏。近代的工业革命推动人类生活与社会经济发生翻天覆地的改变，但也彻底改变了人与自然的关系，人类对环境的污染和破坏超过了以往任何一个时代。20 世纪后，全球性环境问题逐步出现并日趋严重，甚至开始危及人类的生存。20 世纪 50 到 60 年代发生了一系列震惊世界的公害事件[2]。20 世纪 70 年代中叶后，温室效应、臭氧层破坏、酸雨、生态环境退化、气候异常等全球性的环境问题更是给人类的生存发展带来了空前威胁。当回顾 20 世纪伟大的科技进步时，人类同时发现了巨大的环境破坏。事实上，由于长期以来对经济产值的一味追求使得我们赖以生存的地球资源面临着巨大的危难。终于，接踵而至的环境问题让人开始怀疑人类是否还能在地球上继续的生存与发展下去。此时，“可持续发展”被正式提出。

（3）可持续发展

“持续”一词的英文是 sustain，来自于拉丁语 Sustenere，意思是“维持下去”或“保持继续提高”。“可持续发展”在国际文件中最早出现于 1980 年的《世界自然保护大纲》中。1987 年“联合国环境与发展世界委员会”发表的《我们共同的未来》（又称《布伦特兰报告》）则使“可持续发展”的概念在全世界得到普及。此书中“可持续发展”的正式概念是：“既满足当代人的需求，又不对后代人满足其需要的能力构成危害的发展”。1992 年 6 月 3 日至 14 日在巴西里约热内卢举行的联合国环境与发展大会上，随着《2l 世纪议程》的提出，可持续发展开始被广泛接受并成为总体战略，从理论探讨走向了实际行动。在我国，环境保护工作起步于“联合国人类环境会议”之后的 1973 年。而 20 世纪 90 年代后，我国在《环境与发展十大对策》和《中国 21 世纪议程》中，确定可持续发展作为基本的发展战略。

当“可持续发展”这一词汇进入到建筑领域，它与包括“绿色”、“环境亲和”、“生态”在内的多种含义发生了联系。20 世纪 60 年代，建筑师保罗×索勒瑞将生态学（Ecology）和建筑学（Architecture）两词合并，提出“生态建筑学”(Arology）的新理念。1963 年，奥戈亚提出建筑设计与地域、气候相协调的设计理论。70 年代的石油危机发生使得发达国家开始注重建筑节能的研究，太阳能、地热能、风能的利用，节能围护结构等新技术也随之应运而生。80 年代因建筑物密闭性提高而产生的室内环境问题，使得以健康为中心的建筑环境研究成为热点。90 年代之后，建筑可持续发展理论研究开始步入正轨。四十余年来，建筑领域的可持续发展研究由建筑个体、单纯技术上升到体系层面，由建筑设计扩展到环境评估等多种领域，形成了整体性、综合性和多学科交叉的特点。

环境与发展问题的历史阶段 表 2.1

	发展 经济增长			发展=经济发展+工业污染控制	发展=经济社会发展+环境保护	环境与发展密不可分（环境是发展自身的要素之一）
	前发展时期	农业革命时期	工业革命时期			
时间跨度	1万年前	1万年前至18世纪初	18世纪初至20世纪50年代	20世纪50年代末至70年代（1972年）	1972年至1992年	1992年～
经济水平	融于天然食物链中	农业时代	工业时代	产业急速发展时期	信息时代	信息时代
经济特点	采食捕猎	自给型经济	商品型经济	发达的市场经济	发达的市场经济	协调型经济
生产模式	从手到口	简单技术与工具	资源型模式	资源型模式	资源型模式	技术型模式
对自然的态度	自然拜物主义、依赖自然	天定胜人、改造自然	人定胜天、征服自然	尊重自然	天人合一、善待自然	人与自然和谐
系统识别	无结构系统	简单网络结构	复杂功能结构	自然、社会、经济复合系统	多功能复合系统	控制协调结构
能源输入	人体畜力及简单天然动力	不可再生能源为主	不可再生能源为主	不可再生能源为主	逐步转向可再生能源为主	新能源可再生能源
环境影响	原始状态的协调	基本协调	不协调（生态不平衡）	极度不协调	寻找出路	可持续发展

资料来源：马光 等．环境与可持续发展导论．北京：科学出版社，2000

2.1.2 系统思维与模型手段

由美籍澳大利生物学家 L. V. 贝塔朗菲（L. Von. Bertalanffy）提出的系统论，是20世纪中叶以来发展最快的一门综合性科学。“所谓系统，就是指由一定要素组成的，具有一定层次和结构、并与环境发生关系的整体”[3]。钱学森在 1978 年定义了一般系统论的基本概念：“我们把极其复杂的研究对象称为‘系统’，即由相互作用和相互依赖的若干组成部分结合成的、具有特定功能的有机整体，而且这个‘系统’本身又是它所从属的一个更大系统的组成部分。”

采用系统思维，就会发现，系统是普遍存在的，世界上任何事物都可以视成是一个系统，而整体性、关联性、等级结构性、动态平衡性、时序性则是所有系统共同的基本特征。

系统的基本方法是模型法，即建立模型、求解模型和解释模型的方法。什么是模型？模型是现实世界部分化、序列化、简单化或抽象化的代表，它突出了原型的本质特征，忽略了次要因素，使错综复杂、变化纷繁的现实世界便于人们把握。模型根据系统的目标要求，用若干参数或因素体现出对系统本质的描述，这是以分析客观性、推理一贯性和可能有限定量化为基础的。当描述复杂的系统时，通常并非简单模型，而模型组织。这是将反映不同侧面、不同层面、不同视野的多个模型按一定结构组织而成的整体模型。

2.1.3 全生命周期分析方法与工具

（1）全生命周期分析方法

全生命周期分析包括全生命周期成本（Life cycle cost，LCC）和全生命周期评估（Life cycle Assessment，LCA）。

生命周期成本分析（LCC）的概念起源于 20 世纪 40 年代，由美国通用电气公司提出的成本管理模式价值工程理论发展而来。生命周期成本是从生命周期的角度评估产品或服务的成本，包括了环境成本。

生命周期评估（LCA）可用于评估产品生命周期内的环境影响和所用资源。LCA 针对评估对象“从摇篮至坟墓”的整个生命周期内各阶段产生的所有环境问题进行系统的量化分析，进而作出生命周期环境影响的评估和完善分析。LCA 用数学物理方法结合实验分析对某一过程、产品或事件的资源、能源消耗，废物排放，环境吸收和消化能力等进行研究，定量确定该过程、产品或事件的环境合理性及环境负荷量的大小。

建筑环境性能评估中的 LCA，是对建筑在整个生命周期内的环境影响进行整体考虑。建筑的全生命周期包含了建筑从选址开始到建筑施工和运行再到最终报废的所有事件和活动的过程。

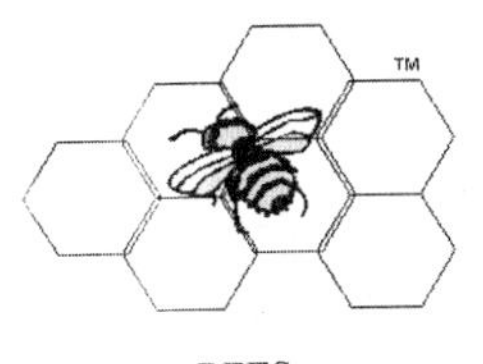
BEES

LISA

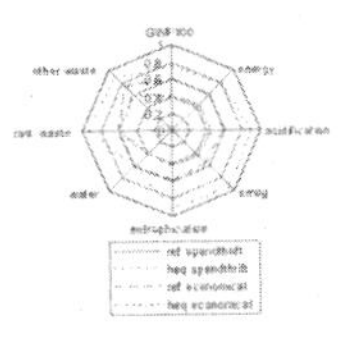
EQUER的雷达图

图2.2 建筑环境评估分析工具

资料来源：湖南大学土木工程学院．可持续居住区评价指标体系设计研究．筑能网，2005

（2）全生命周期分析工具

ATHENA 是加拿大 Athena 可持续发展材料研究院（Athena Sustainable Materials Institute）研发的软件。ATHENA 将设计方案分解为单个的产品，然后根据建筑产品全生命环境数据库对其进行计算。ATHENA 可以就两个或更多的设计方案从建筑物的含能、自然资源的使用、空气污染、水污染、温室气体效应和固体废弃物这六个方面的环境影响来进行比较，选取最佳的设计方案。

BEES（Building for Environmental and Economic Sustainability, BEES）是由美国标准和技术研究院研发的一种建筑材料环境性能和经济性能综合评估软件。BEES 分别采用全生命周期分析与全生命周期成本分析分别对建筑材料的环境性能以及经济性能进行评估，并将两者集合成为总性能系数。BEES 评估的环境影响包括全球变暖、酸雨、富营养作用、资源枯竭、室内空气品质、固体废弃物、臭氧层破坏、烟雾、人体有毒物和生态环境有毒物十类。系统权重可以使用默认数值，也可以由使用者任意选取。

ENVEST 是英国最早评估设计阶段建筑全生命周期的环境影响的软件。它综合考虑了建筑物、在建造过程中消耗材料的环境影响与使用期间消耗的所有能源和资源，帮助设计者对建筑的环境性能进行优化并在最优状况下使用建筑材料。ENVEST 采用“生态积分”(ecopoint)[4] 的单位来衡量建筑对环境的影响，这可以帮助设计者对不同的设计和方案进行直接比较。100 个生态积分相当于一个英国公民在一年内对环境影响的平均值。

LISA 由澳大利亚开发，专为建筑使用的全生命周期分析工具。LISA 指 LCA 在可持续发展建筑中的应用，即对可持续发展的建筑进行全生命周期的分析。LISA 采用“开发者模型”的结构，它可以让设计者直接利用软件中存在的交互式模型进行计算，而且还允许设计者把他们自己的实例加入到已存在的模型列表中。另外，LISA 还可以自动生成一些有关材料消耗和服务消费的系列数据。

EQUER 是由法国开发的建筑环境影响评估软件，可直接对建筑的环境性能进行逐年的模拟。EQUER 具有较好的兼容性，可直接利用其他数据库。另外，EQUER 还可以与能量模拟软件直接相连接，自动计算出建筑构件的使用状况。

2.2 建筑绿色评估体系的内涵

2.2.1 建筑绿色评估体系的基本概念

要讨论建筑绿色评估体系，首先需要了解“建筑环境性能”这个概念。

（1）建筑环境性能

可持续发展涉及内容广泛，包括了如社会进步、社会平等、经济发展、生态系统和人类健康在内的诸多范畴。对建筑而言，要完全包含这些因素进行有意义的分析难度很大，所以有必要就建筑的可持续发展创建一个明确的概念，用以描述建筑与可持续发展某个或某些因素之间的一致性。因此，研究引入了“建筑环境性能”这个概念。

建筑环境性能指建筑在其全生命周期内对环境的各种物理和化学影响，它包括原材料的获取和运输，建筑材料的制造、运输和安装，建筑的施工、运行、维护以及最后拆除的全过程中对环境的所有影响。

由于建筑自身的特殊性，所以建筑环境性能与通常对象的环境性能相比，存在着明显的不同：一．建筑对环境影响的种类多，几乎覆盖了地球上所有的环境影响；二．建筑对环境的影响非常分散，又具有强烈的个人行为特征，使得实际生活中的建筑环境影响在比其他环境影响更容易被忽略且难于控制；三．不同建筑类型之间存在着很大差别，而且建筑的使用寿命较长，这使建筑环境性能的研究具有极大的不确定性与系统追踪的难度；四．建筑环境性能还需要考虑现代社会人类长时间居于室内空间活动而引发的室内空气污染危害人类身体健康的情况；五．建筑单位面积的能耗受各地气候的影响会有巨大差异，必须分别对待思考；六．采用不同的生产技术和管理方法也会造成材料对环境的影响差异，不同生产力发展水平国家的建材环境影响系数肯定不同。而这些建筑环境性能的特点，使得建筑环境性能研究比一般对象环境性能的研究更复杂，需要考虑的问题更多，不确定因素也明显增加。

（2）建筑绿色评估体系

所谓“评估”，就是评价和估量的意思。通常是指根据一定的标准对事物作出优劣判断。“环境评估”是从一种尊重环境的角度，对对象的环境性能作出科学客观的描述。“建筑绿色评估”指在一定的程序与步骤下，依据相关的指标与标准，对建筑环境性能的相关因素进行分析。汉语中“体系”一词的含义是指由“若干有关事物或某些意识互相联系而构成的一个整体”[5]。“建筑绿色评估体系”是一系列的相互关联、形成整体的标准的集合。

建筑绿色评估体系用来描述建筑的环境性能，研究如何将建筑对环境的影响降至最低。建筑绿色评估体系具化了建筑环境性能的概念，体现了评估体系制定者对建筑环境性能概念不同角度的理解。在某种意义上，制定者对建筑环境性能的理解程度决定了建筑绿色评估体系的发展前景。

如果选择比较的参照系，建筑绿色评估体系应该介于大范围环境影响评估（EIA）[6] 与使用生命周期评估方法（LCA）对能耗及材料进行详细分析的评估方法之间。它作为对建筑环境表现的一种综合性评估，能够描述建筑及其子系统的环境性能，进而对建筑的可持续发展情况作出判断。如果从系统与模型的观点看，建筑绿色评估体系则是一种描述建筑系统可持续发展的整体模型，我们可以通过它对可持续发展建筑进行全面解释。

2.2.2 建筑绿色评估体系的主要组成

建筑绿色评估体系是根据明确的目的，由一系列要素按照某种结构构成，要素包括各级的指标与标准，结构则主要指权重分配，评估体系结果在应用时需进行结果控制。

（1）目标

目标是建构建筑 / 住宅绿色评估体系的出发点，全部的要素与结构的选择和制定都是为了获得目标的最大化，而目标最大化的程度也是检验整套体系设计是否合理有效的决定性依据。由于建筑环境性能的复杂性，评估体系的目标往往是多样的，多目标也增加了“目标最优化”的难度。

可持续发展建筑是一个复杂系统，所以建筑 / 住宅绿色评估体系在描述这个系统时，往往不是一个简单模型，而是由反映建筑全生命周期不同阶段的多个模型组成的集合。

由于建筑的全寿命周期包括若干阶段，因此学者们对于评估体系的阶段划分也存在着各种观点：重视方案阶段的学者认为评估体系的焦点应集中在方案自身的预测结果上；重视设计阶段的学者认为应侧重于设计策略的阶段性分析；重视完成阶段的学者认为应对建筑环境性能的实际效果进行评估；更多的学者则认为建筑绿色评估是对建筑过程的评估，从建筑的策划到最终实施运行，贯穿于整个建筑全生命周期之中。全生命周期的建筑绿色评估体系由设计、施工、运行（也有“规划、设计、施工、运行”等类型的划分方法）这几个阶段模型所集合而成（图 2.3）。

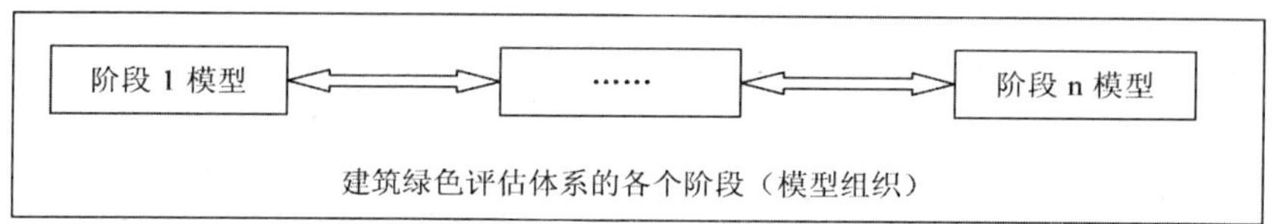

图2.3
建筑绿色评估体系的阶段划分示意
资料来源：作者自绘

（2）要素

建筑绿色评估体系的模型要素包括指标、标准与措施（图 2.4）。体系由多级指标组成，指标又由若干标准集合而成，标准是评估体系的基本单元。指标与标准的关系可以用一个形象的例子来说明：当衡量一个人的健康程度时，可以综合分析他的高矮胖瘦等多种指标；而测量此人的高矮需要依据高度标准，测他的胖瘦则要按照重量标准。在较复杂的建筑绿色评估体系中，标准还可以由多条措施组成，这些措施来源于制定国家相关的法规规范、技术参数或者技术方法。

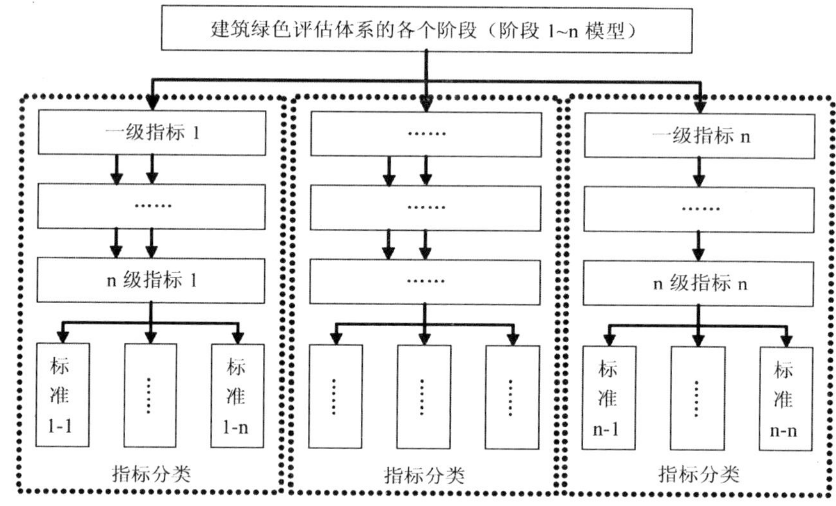

图2.4
建筑绿色评估的模型要素组成示意
资料来源：作者自绘

（3）结构

建筑绿色评估体系的要素需要以一套逻辑方法将其整合在一起，这种逻辑便是体系的结构。如果把评估体系比作人，要素是体系的血肉，结构就好比体系的骨架。结构是评估体系的核心，使得评估体系与单纯法规规范的集合区分开来。

建筑绿色评估体系的结构是一种权重结构。权重体现了指标之间或标准之间的相对重要性和紧迫性。从表面形式看，包括美国 LEED 在内的部分评估体系使用直接计分的方法，似乎没有权重。不过，通过计算每级指标的满分分数在上一级指标满分分数中的比率可以得出类似于权重的指标比重，这种比重与权重在数学上的含义实际是一致的。

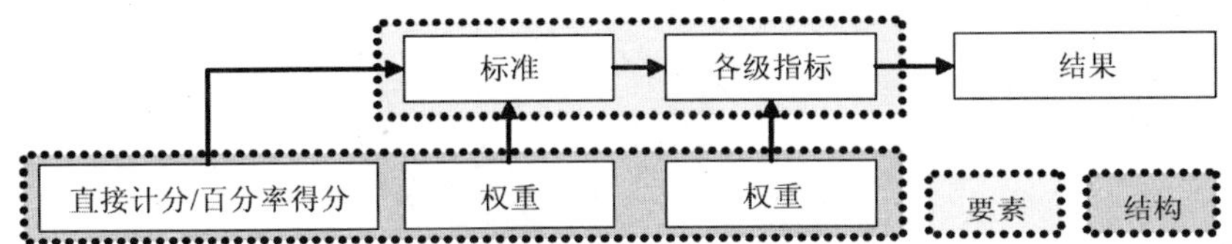

图2.5 建筑绿色评估体系的模型结构示意

资料来源：作者自绘

权重的确定方法有很多种，既有生态成本（LCA）、生态足迹[7]（用于生产所消耗资源并吸收废物的土地面积）或环境表现最终值[8]等量化方法，同时也有经验权重、专家咨询法（Delphi）、层次分析法（AHP）等主观方法。量化方法需要基于大量的基础数据之上，而主观方法依赖于专家的组成。通过这两类方法得到的权重数据都需要进行检验与修正。

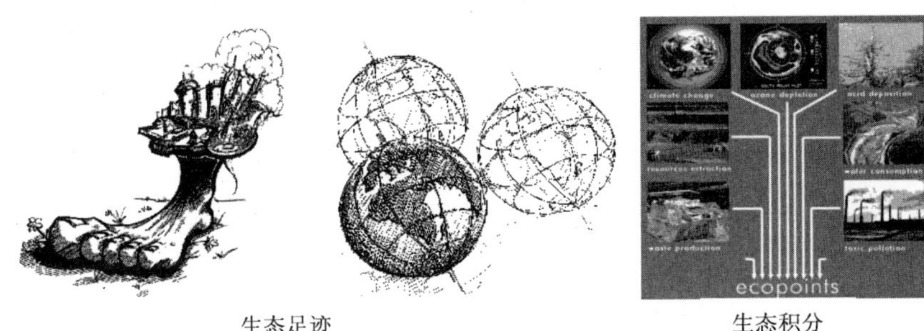

图2.6 生态足迹与生态积分

资料来源：瑞典Sweco公司．万科住区生态策略报告，2005

建筑绿色评估体系的结构也包括体系指标的分类结构。建筑绿色评估体系的分类存在着与计算机应用程序相似[9]的"逻辑层次"与"部署层次"两种模式。前者中指标与指标之间、指标与标准之间、标准与标准之间，存在着具有内在互相依赖的清晰逻辑关系，而后者则不是，指标、标准均不具有明确的内在逻辑关系。

标准的计分方式有直接计分与百分率得分两种。其中，百分率得分根据是标准所含多条措施的完成比值来确定得分，具体方法是将措施的实得分除以满分，两者的比值就是最终的得分（图 2.7）。

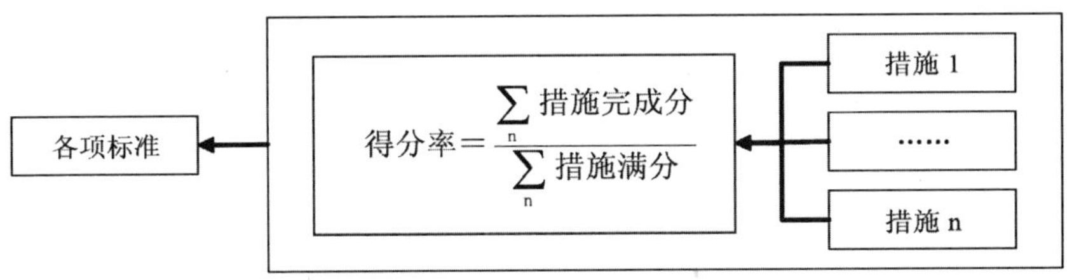

图2.7 建筑绿色评估体系标准百分率得分示意

资料来源：作者自绘

（4）结果控制

建筑绿色评估体系的结果控制包含得分数据、表达方式和范围划分三个部分。

不同的评估体系结果控制的得分数据大相径庭：有些体系是得分率，而有些则是总体得分，并不具有相互的可比性。结果控制的表达方式包括了直方图、雷达图、等级图等多样的形式。

结果控制的范围划分指的是，当建筑绿色评估体系对建筑环境性能的进行描述并得到确定结果后，可以对结果经过分级控制或达标控制实现建筑的认证和评级。由于分级范围或是达标及格线无法通过建筑绿色评估体系自身界定，因此它们由评估体系的制定者决定。划分客观的认证范围需要基于大量样本的测定与反馈，在现实生活中操作难以在短时间内完成。因此，另一种方法是按照一定规则先划分出认证范围，然后在操作实践中根据反馈情况对范围划分进行调整，这种对结果控制的调整与建筑绿色评估体系自身的更新发展通常是保持同步的。（图 2.8）。

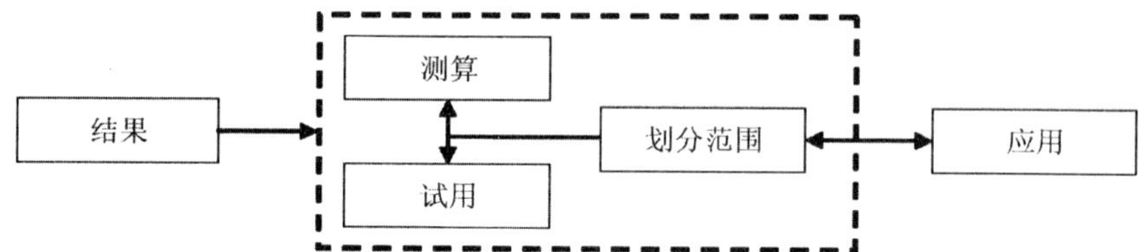

图2.8 建筑绿色评估体系范围划分示意

资料来源：作者自绘

2.2.3 建筑绿色评估体系的特点与作用

（1）特点

作为描述可持续发展建筑的模型，建筑绿色评估体系具有模型的普遍工具特点——有效性，具体表现在五个方面：第一，模型的有效性有赖于它对系统概念的序化与简化的能力；第二，有效性通过模型集中概括重要内容得以表达；第三，模型应与客观现实具有一定的联系性；第四，模型应具有一定的可操作性；第五，模型对系统是提出一种了解释，而不仅仅是对过程的简单描述。因为解释性模型比描述性模型更具有研究和应用价值。那么，一个优秀的建筑绿色评估体系也应是可持续发展建筑的解释性模型。

当然，所有的模型都具有自身的局限性，这是因为模型源于人的认识。模型不是经验的再现和翻版，而是人们对客观现象的一种认识方法，是从看似不存在程序的现实中提炼出一种程序的方法，模型表达的“真实”只是复杂现实的人为想象。任何模型都是对现实世界的不完全模仿和简单化省略，而且只有省略所有非本质的东西、忽略不相关的细节，模型才会发挥作用；反之，如模型非常复杂，其作用的发挥则会受到限制。建筑绿色评估体系也是如此，过于复杂的形式会降低其作用的有效发挥。

（2）作用

建筑绿色评估体系可以拉动建筑相关产业的发展，不过它最重要的作用还是用于指导设计与绿色认证。

建筑绿色评估体系的绿色认证作用一直受到很大的重视，这是由市场对于绿色建筑与日俱增的需求造成的[10]。为了实现识别虚假的绿色建筑并达到规范建筑市场、鼓励和提倡优秀绿色建筑的目的，需要在市场范围内提供建筑绿色评估体系这样一个准绳，帮助人们进行判别。

建筑绿色评估体系的指导作用更多的是针对意识层面的需求，主要表现在帮助建筑的各类参与者提高环境认识、理解可持续发展建筑、分析可持续工作效果、思考可持续工作未来走向的作用。与认证作用的受重视度相比，指导作用的被关注程度远远不够。

2.3 城市住区有别于住宅单体建筑

2.3.1 城市住区的基本概念

人居环境中，住宅、住区和社区三者的含义不同。住宅多指房屋建筑，是一个单体的概念。住宅建设强调房屋建筑本身的功能合理和建造经济等因素。住区是一个区域的概念，包括住宅及与其相关的道路、绿地，以及居住所必需的基础设施和公建配套设施等。住区的范围可大可小，包括居住区、居住小区、居住组团等。社区的概念与住区类似，但涵盖的内容更为广泛，还包含居民相互间的邻里关系、价值观念和道德准则等内容。

城市住区与于乡村村落相对，特指我国城市结构中的聚居形态，强调一定规模下的空间形态与功能单位。住区是城市中规模最大、分布最广的人工环境，它深刻影响着生活其中的居民的生理、心理、观念和行为，与人的生活质量息息相关。

改革开放以来，我国城市进行了大规模的住宅建设。近五年我国城镇新建有近 5000 个 5 万平方米以上的住区投入使用。据此估算近二十年来所建成的 5 万平方米以上住区近万个。正在新建的城市房屋建筑中，五至六成是住区（表 2.2）。巨大的建设量使得城市新建住区成为我国建筑领域可持续发展的工作重点。

本书选择城市新建住区作为研究对象，主要出于对我国现状的考虑，选择城市新建住区作为应用对象具有很强的现实性和指导性。此外，我国地域辽阔，选择不同地区的城市新建住区进行评估体系的模拟评估也更利于发现问题。

全国城镇新建各类房屋面积及住宅所占比重

（1950～2000 年）（单位：万平方米） 表 2.2

时间	城镇新建 各类房屋面积	其中： 住宅面积	住宅占新建房屋 的比重（%）
1950～1980	193705	70019	36.1
1981～2000	899309	564060	62.7
“八五”时期	238223	147240	61.8
1991	32807	19240	58.6
1992	40369	24003	59.5
1993	50486	30832	61.1
1994	55929	35676	63.8
1995	58632	37489	63.9
“九五”时期	354254	238346	67.3
1996	61443	39450	64.2
1997	62490	40550	64.9
1998	70166	47617	67.9
1999	79647	55869	70.1
2000	80508	54860	68.2

注：1979年以前为基本建设投资建造的房屋，1980年以后包括集体及个人建房

资料来源：杨慎．房地产与国民经济．北京：建筑工业出版社，2002

2.3.2 城市住区的发展特点

（1）我国城市居住形式的演变

我国城市居住形式走过了一条独特的发展道路：古代的里坊与街巷，近代受到西方外向自由居住形态影响的里弄，解放后逐步发展建设的大规模居住区。

我国城市最早的居住组织形式是周代的“里”。这种居住环境是由密集而规整的道路网格分隔而成，规模较小。随着封建社会的发展，居住区规模也在不断扩大。唐代的长安城是当时世界上最大的城市之一，人口曾经达到 100 万。那时居住基本单位“坊”的面积也随着城市面积相应扩大。

进入北宋以后，经济社会蓬勃发展，封闭、单一的里坊制无法再满足时代的需要。于是，封闭的里坊制被开放的商业街道运河坊巷所代替，城市里沿街设市、街坊结合。街巷制发展到元代，巷改称胡同形成了街道、胡同、四合院的三级组织结构。

1840 年鸦片战争后，受到当时西方城市住宅区的影响，出现了里弄住宅。这种居住形式不断发展并逐步成为以二、三层联排式住宅为基本类型的里弄式居住区。

新中国建立后，苏联以“街坊”为主体的工人生活区开始被学习与借鉴。在此基础上慢慢发展出我国住宅小区的雏形。苏联的居住小区的规划理论综合了居住街坊和邻里单位的优点，我国的设计师们在

实践过程中将其与自身实际情况结合，逐步形成了符合中国特色的住区形式。到了 20 世纪 90 年代，随着房地产业行业的兴起，城市住区的布局逐渐向多元化发展。

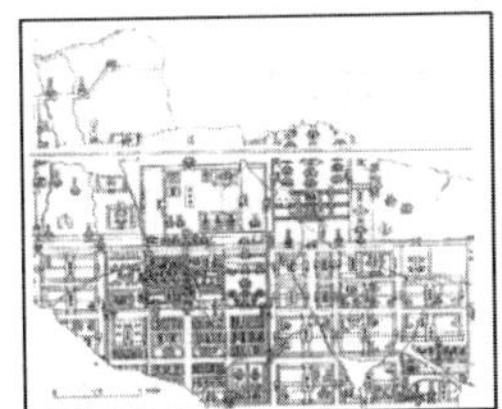
唐代长安里坊

宋代住宅

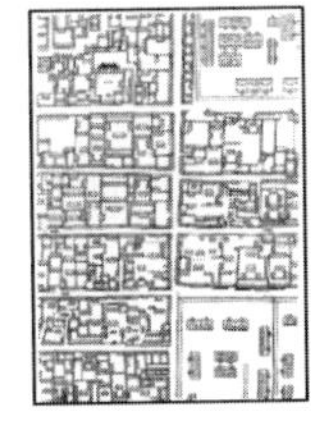
1750 年北京胡同

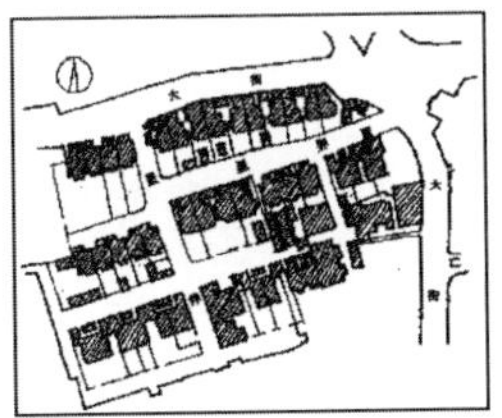
近代上海的里弄住宅

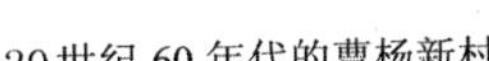
20 世纪 60 年代的曹杨新村

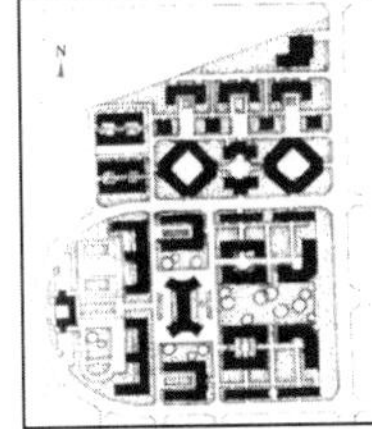

古北新区住宅小区

图2.9
我国城市住区的发展
资料来源：凤凰之家．北京：中国建筑工业出版社，2003

（2）我国城市住区的可持续发展

在 1996 年联合国第二次人类住区会议上，对城市生活空间和社区可持续发展的研究走向了高潮，会议上通过了《人居环境议程》，以“人人享有适当的住房”和“城市化进程中人类住区的可持续发展”作为具有全球性重要意义的主题。在会议推动下，世界各国把城市生活空间和社区可持续发展看作学科的热点问题，展开了运用大量可持续发展原则于人类住区建设的尝试，提出了不少的理论与观点。

上海康乐小区

上海世茂湖滨花园

北京北潞春住区

北京锋尚国际公寓

图2.10
我国城市住区的可持续发展
资料来源：搜房网，2006

1992年6月在巴西里约热内卢的环境与发展全球首脑会议上，我国政府签署了以可持续发展为核心的《21世纪议程》等文件，随后又提出了《中国21世纪议程》[11]、《中国环境保护行动计划1991～2000》等一系列战略措施和方针政策，并将其纳入“九五”计划和2010年目标。1993年我国正式启动了“2000年小康型城乡住宅科技产业工程”，颁布了《中国城市小康住宅通用体系设计通则》，提出了“以人为核心、可持续发展、智能化设备、工业化技术、成套成品配置、现代化管理、个性化”等未来住宅设计与建设的七项原则，并以此为基础在全国56个城市65个住宅小区开展了“小康住宅建设”的试点工作。继“住宅小区试点”和“小康住宅示范小区”之后，建设部又陆续推出了“国家康居示范工程”、“绿色生态住宅小区”等示范项目。

2.3.3 几类绿色评估体系的区别

与可持续发展相关的建筑类环境评估体系的名称种类很多，如“建筑绿色评估体系”、或是“生态/绿色住宅评估体系”、“生态/绿色住区评估体系”等等。事实上，这些名称术语对应的“生态住宅/住区”、“绿色住宅/住区”的概念在学术界仍存有争议[12]。本书中采用的是“建筑绿色评估体系”，用这个名称术语来概括可持续发展影响下与建筑相关的评估体系。

本书中提及的“住宅绿色评估体系”，指代国外建筑绿色评估体系中的住宅版本以及我国当前建筑绿色评估体系的住宅版本或是直接以住宅/住区作为研究对象的评估体系。

如前文所述，我国的建筑绿色评估体系是在国外研究的基础上发展而来。国外发达国家人口少、集合住宅相对较少，一般没有我国城市住区概念的定位，对于住宅可持续发展的研究多数集中于投资高、规模面积小、种类单一的独立住宅上。因此，国外针对住宅制定的绿色评估体系实际上是单体建筑绿色评估体系。我国以房地产开发为主导的城市住区，规模大、数量大，包括住宅、配套公建等多种多样的建筑类型。尽管我国的住宅绿色评估体系已经在城市住区中实施评估，但是考虑到单体住宅与城市住区之间存在的巨大差异，如果将这些“住宅绿色评估体系”直接称为“住区绿色评估体系”，是不够严谨的。因此，本书中将使用“城市住区绿色评估方法”这一术语，区别于由单体建筑评估体系转化的“住宅绿色评估体系”，其评估对象是我国新建的城市住区。

本章注释：

[1] 英文单词“ecology”来源于希腊文，词源“eco-”与“-logy”对应的意思分别是“住所”和“研究”，意思是生物栖息场所的研究。“ecology”的英文解释有两种“the modes of life and relation to their environment”和“the scientific study of living things in relation to each other and to their environment”。“ecology”在第二种解释中被作为生态学。

[2]“八大公害”事件：1930 年比利时马斯河谷事件，SO_2、氟化物、粉尘综合污染，造成 60 多人死亡；1943 年美国洛杉矶的光化学烟雾事件，碳氢化合物、氮氧化合物、一氧化碳、臭氧的综合污染，造成 400 多人死亡及众多人患上呼吸道疾病、眼病；1948 年美国多诺拉镇事件，SO_2、金属元素、金属化合物反应形成金属硫酸铵造成污染，全镇 5911 人、43% 的居民发病，其中死亡 17 人；1952 年的伦敦烟雾事件，Fe_2O_3 和 SO_2 化合形成硫酸泡沫凝聚在粉尘上形成的综合污染造成 4000 多人死亡；1953 年日本熊本县水俣市水俣病事件，因甲基汞造成 283 人中毒、60 人死亡；1961 年日本四日市哮喘病事件，粉尘、重金属微粒、SO_2 化合形成硫酸烟雾造成的污染，患病 817 人、死亡 10 多人；1963 年日本富川县通川流域的骨痛病事件，金属镉中毒造成 130 人患病、81 人死亡；1968 年日本北州市、爱知县的米糠油事件，多氯联苯中毒造成 13000 余人受害、16 人和几十万只饲养鸡死亡。参见：宋永昌，由文辉，王祥荣.《城市生态学》. 上海：华东师范大学出版社，2000。

[3] 张华夏. 物理系统论. 杭州：浙江人民出版社，1987。

[4] 英国生态积分的分值含义是：一个对环境造成影响的独立单元，单元中某个特定产品或过程施加环境的影响度量。由于生态计分测算的是英国的环境影响，因此也只能应用于英国。一个典型的英国公民每年造成的环境影响被定义为 100 个生态积分，生态积分越多表示环境影响越大。生态积分描述了一个产品整个生命周期中产生的所有环境影响。它以英国建造材料方法论为依据，根据界定过的一系列生命周期（LCA）数据来计算，特定的生命周期数据依据每个英国市民造成的环境影响量化，并按照一项为英国政府进行的工业调查赋予权重。生态积分目前应用于 Envest、BREEAM、绿地指南（GREEN GUIDE）和“生态家园”（Ecohomes）中。生态积分计算的环境冲击包括：气候变迁、酸沉积、臭氧损耗、化石燃料消耗、空气污染－人体毒害、交通污染和阻塞；水污染－人体毒害、水污染－生态毒性、水污染－富营养化、矿物质萃取、水获取、废弃物和空气污染－低度臭氧生成。

[5] 参见《现代汉语词典》2005 年第 5 版。

[6] 大范围环境影响评估（EIA）是一种十分成熟，在许多国家强制采用的评估工程对环境造成影响的评估手段。国际环境影响评估组织（IAIA）发布 EIA 最佳实践的原则，包括以下方面：精密、实用、有效、经济、高效率、重点明确、可适应性强、可参与、跨学科、可信、综合一体、透明以及系统。

[7] 生态足迹是加拿大生态经济学家 William 及其博士生 Wackernagel 倡导的分析方法，以基于生态生产性土地的量化标准，对各种自然资源进行统一描述，评价了满足给定人口资源消耗的可持续利用水平所需的生态生产性土地面积。参见张坤民，温宗国，杜斌，宋国君等编著．生态城市评估与指标体系．北京：化学工业出版社，2003。

世界生态足迹的平均水平：2.3 公顷 / 人；各国或各地区生态足迹：美国 10.3 公顷 / 人，中国 1.2 公顷 / 人，香港 6.0 公顷 / 人。

[8] 该法将有毒物质和自然资源开采等转化为“终了”层次的破坏性指数。研究人员希望利用这种方法将建筑各环境性能指标转化到同一层次和范畴进行比较从而获得权重。研究表明，各种环境影响在“终了”层次上无法转化为单一指数，至少需要 2 ～ 4 个条目（如 Eco-indicator 99 中归纳为“人类健康”、“生态系统质量”和“资源”）。参见田蕾，秦佑国，林波荣．建筑环境性能评估中几个重要问题的探讨．武汉：新建筑，2005（3）。

[9] 这是一种类比形容。在计算机应用程序中，有两种层次：逻辑的层次（layer）和部署的层次（tier）。这两种层次划分的目的是不同的，因此划分方式也有一些差异，能够为应用程序带来的好处也是不同的。逻辑层次（layer）划分的最重要的目的在于调整应用程序各部分之间的依赖关系。部署层次（tier）划分的目的在于增强应用程序部署的灵活性，更大限度的利用硬件环境资源。应用软件对环境有多方面的需要，通常很难有这样的服务器满足多方面的需要，因此需要将应用程序分为多个层次，部署在不同的位置。建筑绿色评估体系的层次分类与之极为相似。

[10] 人们为了保障自身健康，对周边环境的要求越来越高，国家环保总局的万份调查问卷显示：有 35% 的消费者看重产品的健康、环保特性，其中有 69% 的人是因为环保特性关系自己和家人的健康，有 21% 的人认识到产品的环保特性更加关系到周围环境和地球的生态环境。59% 的人表示，如果明确知道某种产品确实具有环境优势，他们愿意为此多付 10% 的钱。

[11]《中国 21 世纪议程》提出：“人类住区发展的目标是通过政府部门和立法机构制定并实施人类住区可持续发展的政策法规、发展战略、规划和行动计划，动员所有的社会团体和全体民众积极参与，建设成规划布局合理、配套设施齐全、有利工作、方便生活、住区环境清洁、优美、安静，居住条件舒适的人类住区。”

[12] 我国学界对可持续发展影响下的住区有着各式各样的提法，其中以“可持续社区”、“生态住区”、“绿色住区”和“健康住宅”出现率最多。将生态学的理论应用于人类住区的建设是 20 世纪 70 年代，“生态住区”的概念于 20 世纪 90 年代中期在我国出现的，首次见于 1994 年的《21 世纪人类生态住区规划述要》一文。千禧年后，“生态住区”这一概念被学界和业界普遍采用，逐渐成了一个时髦的术语。然而，尽管生态住区的概念出现已有 10 年，但至今仍没有一个公认的定义。

第三章　建筑绿色评估体系在国外的发展历程

3.1　建筑绿色评估体系的总体发展概况

20 世纪末，发达国家开始探索建筑绿色评估的方法，希望建立一套适合本国实际情况的衡量建筑可持续建设水平的参照系。目前不少国家已经发展出适合自身特点的建筑绿色评估体系，这些评估体系也由早期的定性评估转向定量评估，从早期的单一指标转向综合指标评定。

在众多的建筑绿色评估体系之中，代表性最强、影响最广（特别是对我国影响最大）的主要包括：英国的 BREEAM 体系、美国的 LEED 体系、日本的 CASBEE 体系以及由加拿大发起、多国合作的 GBC 体系。

还有其他一些非常有特点的建筑绿色评估体系，如出现较晚、发展较快的澳大利亚 NABERS 体系以及重视环境保护的北欧国家评估体系，包括丹麦 BEAT 体系，瑞典 Ecoeffect 体系、芬兰 Promis E 体系等等。

部分国家已经编制了多个建筑绿色评估体系，例如：日本早期出现的环境共生住宅 A–Z 体系与现正在大力推广的 CASBEE 体系；荷兰的 Eco–Quantum 和 GreenCalc 两种体系等等。在加拿大，BEPAC、BREEAM/Green Leaf、GBTool 等多种体系均被采用。

图3.1　部分建筑绿色评估体系的认证标志

资料来源：筑能网，2005

外国建筑绿色评估体系相关信息表 表 3.1

国家	体系拥有者	体系名称	参考网站
美国	美国绿色建筑协会（USGBC）	LEED	http://www.usgbc.org/LEED
日本	日本可持续发展建筑协会（JSBC）	CASBEE	http://www.ibec.or.jp/CASBEE
英国	英国建筑研究中心（BRE）	BREEAM	http//www.breeam.com/
多国	NRC Canada	GBC	http://greenbuilding.ca
澳大利亚	澳大利亚环境与资源部（DEH）	NABERS	http://www.deh.gov.au/
日本	日本建设省住宅局	环境共生住宅A-Z	
加拿大	英属哥伦比亚大学（UBC）	BEPAC	
丹麦	SBI	BEAT	http://www.by-og-byg.dk/
瑞典	瑞典建筑研究协会（KTH Infrastructure & Planning）	Eco-effect	http://www.hig.se/t-inst/forskning/by/ecoeffect/
挪威	挪威建筑研究协会（NBI）	Eco-profile	http://www.byggforsk.no/
荷兰	SBR	Eco-Quantum	http://www.ecoquantum.com/
	SUREAC	GreenCalc	http://www.greencalc.com/
芬兰	VIT	LCA House	http://www.vtt.fi/rte/esitteeet/
法国	CSTB	Escale	http://www.cstb.fr/
意大利	ITACA	Protocollo	http://www.itaca.org/

资料来源：http://www.auspebbu.org/page.cfm?cid=3

3.2 建筑绿色评估体系的个案简要介绍

英国是世界上工业化最早的国家。在工业化初期，由于单纯追求经济发展，这使得人类赖以生存的环境遭受了空前的污染和破坏。1952 年，伦敦爆发了“八大公害”事件之一的烟雾事件。这起事件在四天内夺去了近四千人的生命，此后两个月间又有八千多人相继死亡，类似的大劫难共发生了 12 起之多。这直接导致伦敦成为当时著名的“死亡之都”。时至今日，英国的环境问题依然严重。作为欧洲最大的酸雨输出国，英国的能源消耗与 SO_2 的排放量高居欧洲前列。

严峻的现实使得英国政府极为重视环境问题。英国是世界上环境立法最早的国家之一，内容较为完善，主要包括大气污染、水污染、噪声污染等等方面。1974 年制定的《污染控制法》是英国环境保护的基本法，涵盖了废弃物、水污染、空气污染、噪声污染等多方面的内容，实行后成效显著。1990 年该法由治理污染转变为以预防污染为主，使英国的环境得到了进一步的保护和改善。

英国工业化造成了严重的环境问题，引发了社会各界人士的重视。

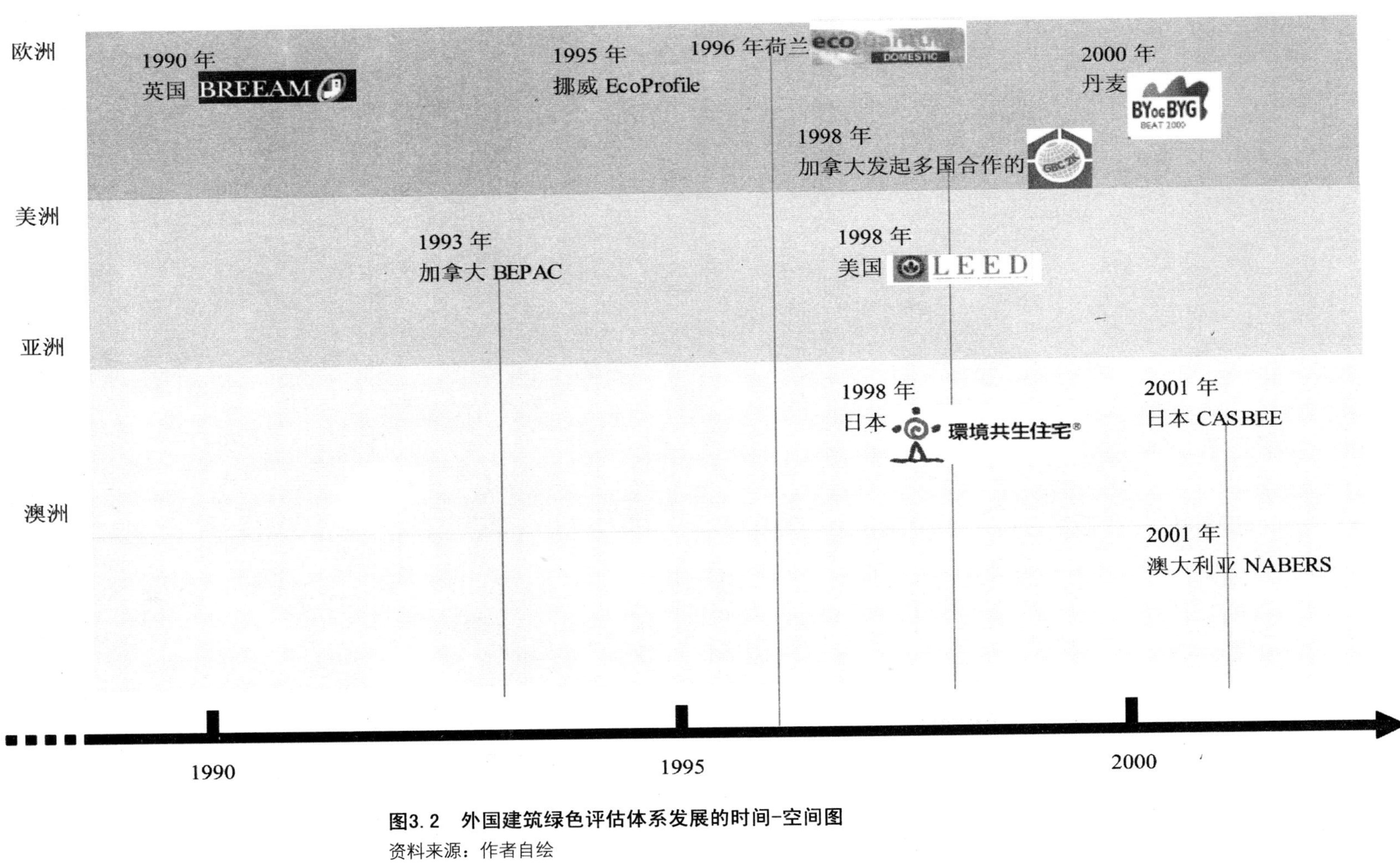

图3.2　外国建筑绿色评估体系发展的时间-空间图

资料来源：作者自绘

他们希望采用有效的途径改善现有环境并美化环境。BREEAM 体系在这种背景下产生生。英国政府制定的环境政策为其的成长发展提供了充分的外部条件。

3.2.1 英国BREEAM体系

1990 年由英国的“建筑研究所”(Building Research Establishment，BRE）提出的“建筑研究所环境评估法”(Building Research Establishment Environmental Assessment Method，BREEAM）是世界上第一个建筑绿色评估体系。其后，受 BREEAM 体系的启发，不同的国家或地区的研究机构相继推出各种建筑绿色评估体系，例如，加拿大、美国及欧洲的许多国家。不少评估体系都是参考或直接以 BREEAM 体系为范本，如香港的“建筑环境评估法”(HK-BEAM)，加拿大的 BREEAM 体系，挪威的 EcoProfile 体系等等。在建筑绿色评估领域，BREEAM 体系无疑是一位开路先锋。

（1）发展进程

自 1990 年诞生后，BREEAM 体系经历了一个漫长的发展阶段。在十多年的时间里，BREEAM 体系的制定者们依据提高的认识观念与积累的实践经验不断地对体系进行着修正与深化的研究工作。与之相应的是，BREEAM 体系推出了不同时期的各种版本（表 3.2）。

BREEAM 体系的主要版本及应用范围 表 3.2

主要版本	颁布时间	评估范围
1/90	1990	新建办公建筑
2/91	1991	新建超级市场
3/91	1991	新建住宅
4/93	1993	已建办公建筑
5/93	1993	新建工业建筑
BREEAM 98办公	1998	已建及新建办公建筑
BREEAM办公	2004	新建或翻新办公建筑，已建并使用的办公建筑
生态家园	2004	新建及翻新独立住宅和公寓
BREEAM工业单元	2004	新建工业建筑
BREEAM 零售建筑	2003	新建及运行商业建筑

资料来源：黄宁．建筑绿色评估体系及比较．北京：建筑学报，2005 (1)

BREEAM 体系最初的版本研究耗时 18 个月，当时的内容仅仅包括了 11 项评估标准。此时的 BREEAM 体系，其内容、结构较为简单（图 3.3)。BREEAM 体系 98 版本（BREEAM 体系 98）删除了有关法规已经包括内容或普遍实践已经超越的条款，并增加了已经更新的知识内容。更新后的 BREEAM 体系 98 体系包括了更广泛、更全面的可持续发展及环境因素，采用了权重系统来决定不同环境影响分类的重要性和建筑环境表现的总体评分。BREEAM 体系 98 包含从建筑设计开始阶段的选址、设计、施工，使用直至生命终结拆除的所有阶段的环境性能。此时 BREEAM 体系已经发展成为涵盖四大方面环境问题(表 3.3)、包括九项指标和“核心”、“设计和实施”及“管理和运作”三个部分的庞大体系（图 3.3）。

英国 BREEAM 体系的环境问题分类　　表 3.3

分类	具体内容
全球问题	能源节约和排放控制、臭氧层减少措施、酸雨控制措施、材料再循环/使用
地区问题	节水措施、节能交通、微生物污染预防措施
室内问题	高频照明、室内空气质量管理、氡元素管理
管理问题	环境政策和采购政策、能源管理、环境管理、房屋维修、健康房屋标准

资料来源：作者自绘

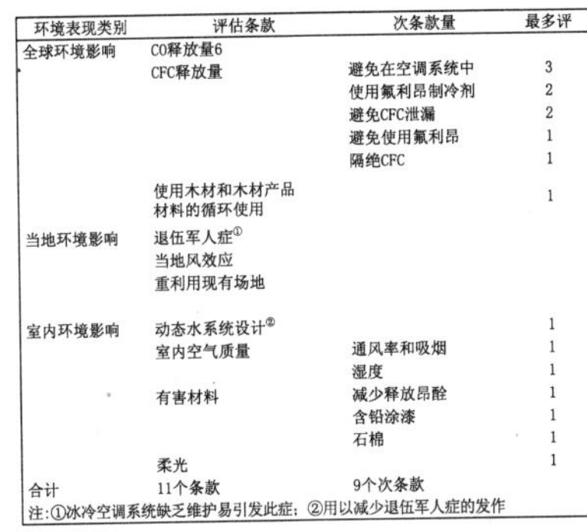

环境表现类别	评估条款	次条款量	最多评
全球环境影响	CO释放量6		
	CFC释放量	避免在空调系统中	3
		使用氟利昂制冷剂	2
		避免CFC泄漏	2
		避免使用氟利昂	1
		隔绝CFC	1
	使用木材和木材产品 材料的循环使用		1
当地环境影响	退伍军人症①		
	当地风效应		
	重利用现有场地		
室内环境影响	动态水系统设计②		1
	室内空气质量	通风率和吸烟	1
		湿度	1
	有害材料	减少释放昂醛	1
		含铅涂漆	1
		石棉	1
	柔光		1
合计	11个条款	9个次条款	

注:①冰冷空调系统缺乏维护易引发此症；②用以减少退伍军人症的发作

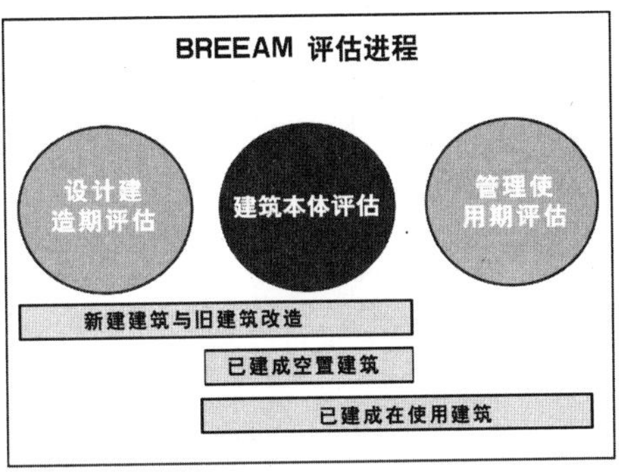

图3.3 BREEAM90评估标准至BREEAM98的发展　　BREEAM90评估框架

资料来源：徐子苹，刘少瑜．英国建筑研究所环境评估法BREEAM引介．武汉：新建筑，2002 (1)

清华大学土木工程系，北京市建设委员会．海外各国绿色建筑评估系统对比报告．筑能网，2005

BREEAM 体系的更新完善了早期版本的不足之处。学者们总结过早期 BREEAM 体系的不足，认为“当时对于建筑对环境的影响缺乏足够全面的认识和研究”，因此“早期 BREEAM 体系将重点放在不重要的细节上，对重要的环境因素缺乏强调”；而且“早期 BREEAM 体系的结构也过于简单，缺乏区别不同指标在整个环境影响中不同重要性的权重系统”[1]。BREEAM 体系 98 引入了一套权重系统。为了确定权重的具体数值，BRE 在 1997 年组织了一次调查研究：BRE 广泛征求了包括政府决策人员、建筑工程专业人员、专家学者、材料生产商、发展商和环保组织在内的各面意见，在此基础上建立起权重系统。

（2）主要特点

BREEAM 体系已经完成了很多有价值的基础数据采集和分析工作，它以“生态积分”（见 10 页）的概念作为基础对建筑全生命周期的环境影响深入考察。BREEAM 体系的认证面向市场，同时为建筑师和开发商提供相关技术咨询。为保证评估的质量，BREEAM 体系从 1998 年开始培训并签发执照给 BREEAM 体系评估人及指定评估机构。这个做法保证了 BREEAM 体系评估的可靠性。

对于设计项目，BREEAM 体系评估一般在详图设计接近尾声时进行。评估人根据设计资料作出最终评估，再由 BRE 给建筑作出定级。如果想获得更好的评分，BRE 建议在项目设计之初，设计人员较早地考虑 BREEAM 体系的评估条款，评估者也可以以某种适当的方式介入、参与设计过程。评估已使用的现有建筑，评估者需根据管理人员提供的资料，作出一份“中期报告”和一份“行动计划大纲”，以提供改进措施和意见，客户可在最终评估报告及评定之前采取改进，以获得更高的评级。BREEAM 体系这种评估程序充分体现了其辅助设计与辅助决策的功能。

BREEAM 体系可以保证建筑项目生命周期各阶段评估的连续性。若一个建筑在设计阶段已进行了评估，那么在以后管理阶段评估时，已评估过的核心部分可不必再重复评估。

BREEAM 体系是英国环境政策激励机制下的产品之一。当一味追求利益最大化而把环境成本转嫁给社会时，可以采取强制性手段要求其偿付这些成本，也可以采用激励机制的方式鼓励对环境的考虑。强制性手段是一种有效的控制方法，但它也存在着诸如成本经济、灵活性与环境效应在内的种种问题。激励机制对此则是极好的补充。BREEAM 体系利用市场，显示了强制性手段所不具备的灵活性和开放性，加之其本身较高的可操作性，已成为可持续发展的一个典范。

3.2.2 美国LEED体系

受英国 BREEAM 体系的启发，1994 至 1998 年，美国绿色建筑委员会（U.S.Green Building Council，USGBC）着手研究美国的建筑绿色评估体系，环境与能源设计向导（Leadership in Energy & Environmental Design，LEED）绿色建筑评估系统（Green Building Rating System，GBRS）是其推行的一套重点系统，主要用于评估美国建筑整体在全生命周期中的环境性能表现。

（1）发展进程

LEED 体系为适应建筑自身发展的特点，从 1998 年最初版本 1.0 版到 2.2 版[2]，做了很多分类的细化工作（图 3.4）。LEED 体系根据当地的实际情况制定了一些地方性版本，例如波特兰 LEED 体系，西雅图 LEED 体系，加利福尼亚 LEED 体系等。

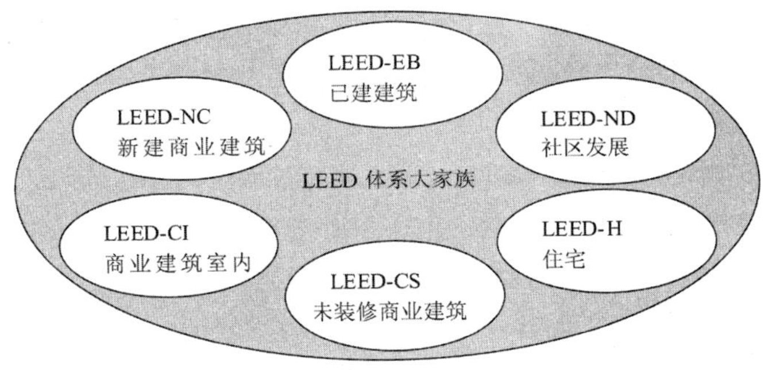

图3.4
LEED体系的组成
资料来源：
http://www.usgbc.org

美国绿色建筑委员是一个民间自发形成的机构。在开发 LEED 体系的过程中，得到了美国能源部的资助。因此，LEED 体系是民间工具，而非强制推行的政府政策。绿色建筑委员本身的成员组成，兼顾了整个行业不同利益群体，所以能够在 LEED 体系当中表达各方的观点。作为非盈利性机构，绿色建筑委员通过 LEED 体系认证推行所带来的认证收入以及会员费来维持其运作。LEED 体系要在美国这个高度市场化的国家里生存，它的认证市场价值需要得到市场的认可。因此，绿色建筑委员为 LEED 体系做了相当多的市场推广工作，包括国际性会议、杂志刊物推广、认证考试推广等等。同时，绿色建筑委员也争取获得政府支持，目前几个州都接受 LEED 体系作为公共建筑绿色标准以及作为评估税收优惠的标准，这也极大促进了 LEED 体系的市场接受程度。

LEED 体系的评估流程如下：在一个建筑工程的开始阶段，设计 / 建造单位向绿色建筑委员会登记要求获得认证；一旦满足了最低的前提条件，将会在工程的每个阶段，随时就一些困难的问题提供解释和指导，为设计师、建造商及业主提供技术创新、成本 – 效率分析以及建造方法等方面的技术支持，帮助他们调整方案或目标，以保证认证的申请成功；工程结束，设计 / 建造单位向绿色建筑委员会申请认证；根据工程所得分数高低，绿色建筑委员会授予各个级别的认证证书。和 BREEAM 体系的评估员一样，LEED 体系的评估员也需要通过审核。美国绿色建筑委员会组织了 LEED 体系的专业委托资格考试，考试合格者将获得 LEED 体系确认的专业证书。

美国绿色建筑委员网站显示，约有 19 个项目通过了 1.0 版本的评估，约 70 个项目通过了 2.0 版的评估，参评的项目多数来自美国，也有少数来自加拿大、斯里兰卡、印度和中国。还有上千个项目注册待评。

（2）主要特点

LEED 体系的评估结构相对简单，而较为简单的结构意味着评估体系的复杂程度较低，这会降低了评估执行的专业门槛，从操作角度看推动了评估体系被市场所接受。

LEED 体系由三个部分内容组成：第一部分是总体介绍和说明；第二

部分包括七项评估指标；第三部分是记分卡，记录统计申请认证的项目所获得的分项得分与总得分以及达到的认证类型。LEED 体系参考指南内容详细。以 2001 年 7 月版本的参考指南为例，它用长达 280 页的篇幅中提供了 LEED 体系的五个环境评估指标中的详细信息、资源及标准。指南不仅解释了每个指标的评估意图、先决条件及相关的环境、经济和社区因素、评估指标文件来源等，还对相关设计方法和技术提出了建议与分析，并提供了参考文献目录（包括网址和文字资料等）和实例分析。

3.2.3 多国GBC体系

“绿色建筑挑战”（Green Building Challenge，GBC）是从 1998 年起由加拿大发起并有 20 多个国家参加的一项国际合作研究行动，核心内容是通过“绿色建筑评估工具”（GBTool）的开发和应用研究，为各国各地区可持续发展建筑的评估提供一个较为统一的国际化平台，从而推动国际可持续发展建筑的全面发展。GBC 体系有多个国家或地区介入，包括欧洲国家及美国、日本、澳大利亚、智利、南非、韩国、中国香港地区、威尔士等。GBTool 的通用框架被不少国家的评估体系改变和借鉴，如英国 BREEAM 体系的 98 版本、日本的 CASBEE 体系等等。

（1）发展进程

GBC 体系第一个阶段的研究成果——GBC’98 体系，于 1998 年在范库弗峰（Vancouver）召开的“GBC’98 会议”（GBC 98 conference）上推出；第二阶段成果于 2000 年 10 月在荷兰召开的可持续发展建筑 2000 国际会议（Sustainable Buildings 2000 conference）上展示，成果是基于 GBC’98 体系改进的 GBC’2000 体系以及可操作的 GBTool 评估工具；第三阶段的成果 GBTool2002 于 2002 年 9 月在挪威召开包括中国在内 21 个国家参加的 GBC’2000 会议上推出。

GBC 体系的软件 GBTool 是一套建立在 EXCEL 平台上应用于不同国家、地区和建筑类型的软件系统。GBTool 把被评估建筑环境性能最后的评估结果（包括总体表现以及各级指标的表现）根据预设在软件内的公式和规则自动计算生成，并以用直方图形式表达（图 3.5）。

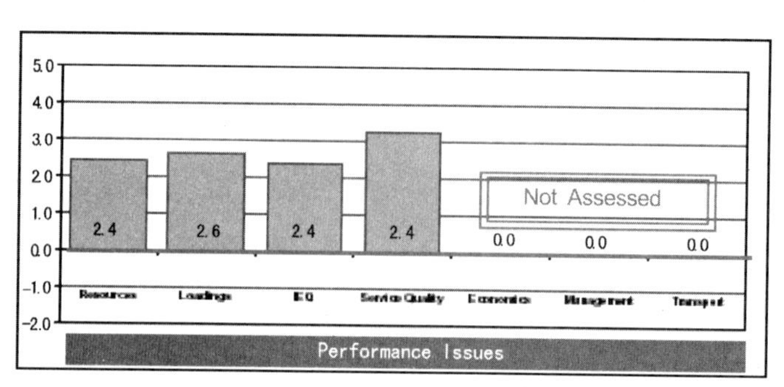

图3.5
GBTool的直方图
资料来源：清华大学土木工程系，北京市建设委员会．海外各国绿色建筑评估系统对比报告．筑能网，2005

（2）主要特点

GBC 体系是一个兼具研究性与复杂性的建筑绿色评估体系。从实用的角度看，其内容显得过于细腻，操作比较复杂（评估过程中需要输入各类设计、模拟、计算数据以及相关文字内容上千条），结果也不适应市场认证的需求。事实上，GBC 体系是一个面向国际的评估框架，因此它虽然提出了基本的评估内容，但具体的评估标准的确定则交给各个国家的的专家小组，由他们根据本国或地区的实际情况有所增减，各国还可以根据自己的探索对 GBC 进行补充和调整。这种的方式使得 GBC 体系具有极大的灵活性与适应性。

3.2.4 日本CASBEE体系

为了适应全球可持续建筑的发展潮流，日本学术界学科带头人、建筑设计 / 施工 / 设备 / 能源等方面企业专家、国土交通省、地方公共团体联合组成的“建筑物综合环境评估委员会”于 2001 年开发了建筑物综合环境评估体系（Comprehensive Assessment System for Building Environmental Efficiency，CASBEE）。

（1）发展进程

CASBEE 体系在内容、结构的组成以及最终的表达形式上都吸取了 GBC 体系的优点。而体系最大的创新之处，是将建筑质量性能与环境性能两种指标整合为建筑环境效率指标，体现了建筑环境评估与普遍意义上的环境影响评估的区别，突出了建筑人工环境的特性。为了精确的表达建筑质量性能，严谨的日本学者对体系的适用范围划定了严格的边界，从而将建筑环境质量（Quality，Q）定义为“对假想封闭空间内部建筑使用者生活舒适性的改善”，建筑的外部环境负荷（建筑环境性能）定义为“对假想封闭空间外部公共区域的负面环境影响”（图 3.6）。

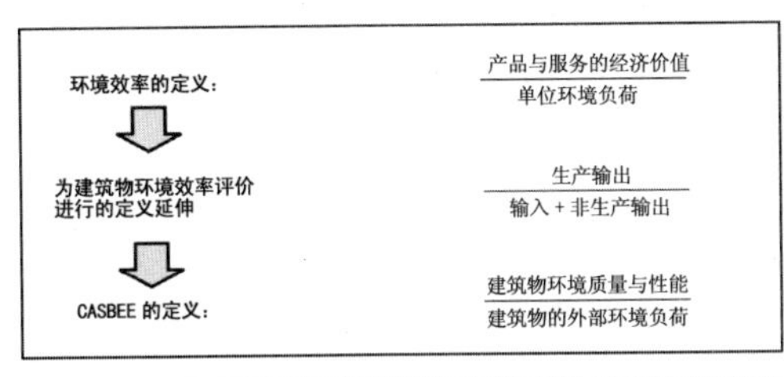

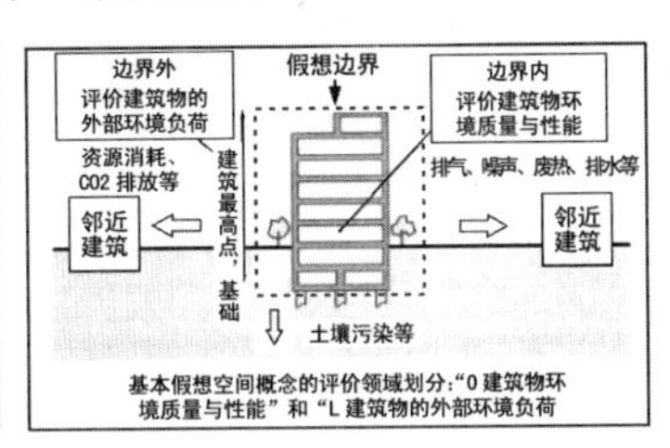

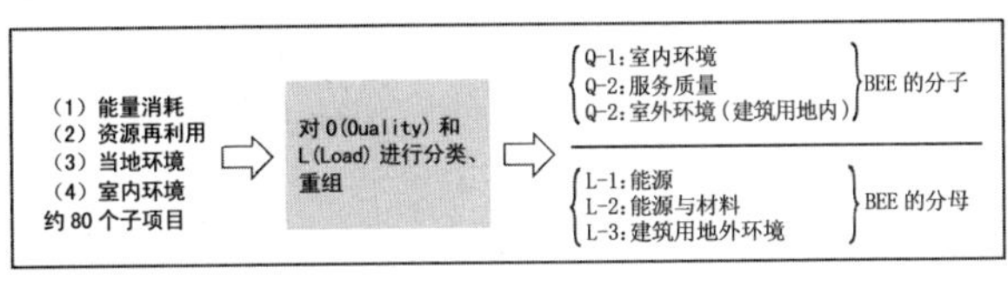

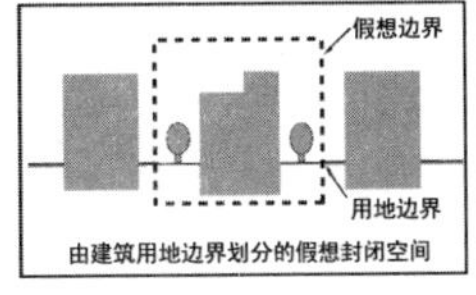

图3.6 CASBEE体系的概念界定

资料来源：日本可持续发展建筑协会. 建筑物综合环境性能评价体系——绿色设计工具. 石文星译. 北京：中国建筑工业出版社，2005

CASBEE 体系是一种 DfE 工具[3]，能够指导设计者进行设计。它的评估对象可包括：办公建筑、商店、餐饮店、宾馆、学校、医院、集合住宅[4]。CASBBE 体系评估综合建筑时，将综合建筑依据各功能区分解评估，然后按建筑面积比率加权综合。具体的表达形式有直方图、雷达图和等级坐标图等类型（图 3.7）。

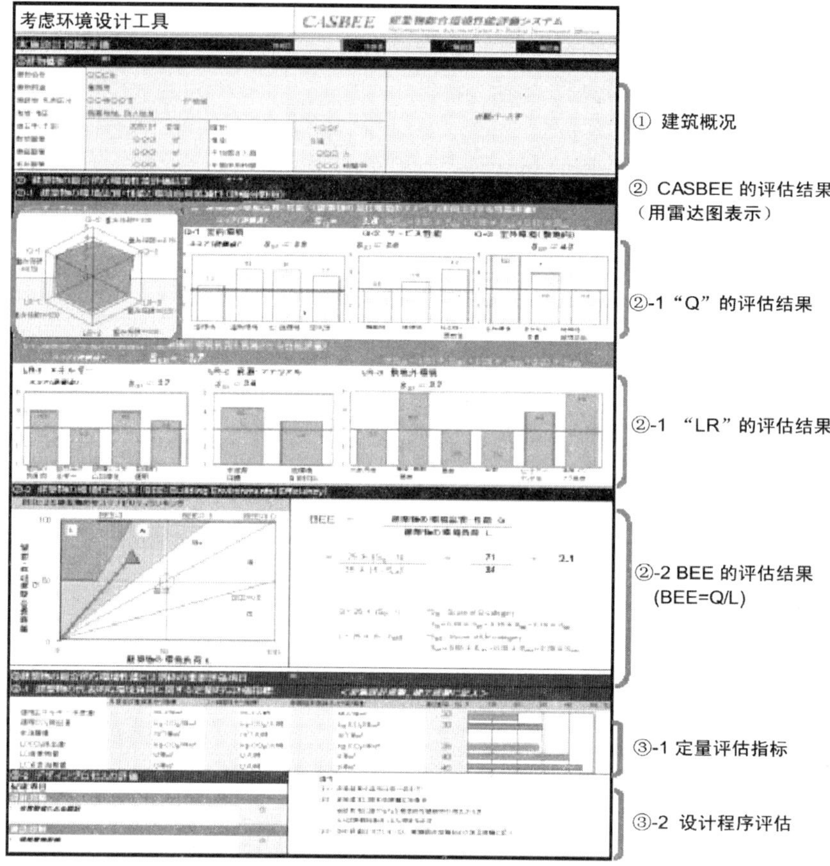

图3.7 CASBEE评估结果的显示界面

资料来源：清华大学土木工程系，北京市建设委员会．海外各国绿色建筑评估系统对比报告，筑能网，2005

CASBEE 体系以日本建筑学会所编撰的《建筑物的 LCA 指南》与独立行政法人研究所及国土交通省国土技术政策综合研究所开发的 LCA 计算软件 BEAT 作保证。其中，《建筑物的 LCA 指南》包括了日本国内与国外、生产阶段与流通阶段每千克材料所消耗的能量的分析结果，还给出了 CO_2、SO_X、NO_X、CH_4、N_2O 详尽的排放量数据。

（2）主要特点

CASBEE 体系是一套概念严谨、组织严密、逻辑清晰的评估体系，这体现在它对于定义的严密阐释、各阶段评估的工作重点分配以及最终多样的表达方式等几个方面。然而，CASBEE 体系最大的优点也即是它最大的缺点。首先，CASBEE 体系界定的外部空间轮廓事实上并不存在，这种“画地为牢”的评估方法在评估大范围时会带来明显的误差。其次，虽然 CASBEE 体系整合建筑质量性能与建筑环境性能的理念新颖，但这大大增加了评估难度。因为，要清晰地描述建筑质量性能（即生活舒适性）是非常困难，甚至超越了一直困扰研究者的描述建筑环境性能的难度。

3.2.5 澳大利亚NABERS体系

NABERS 体系的研究始于 2001 年，正式实施于 2003 年。制定者考虑到设计阶段的某些理想状况和实际使用状况常常有一定差距，因此该体系不着重对于建筑设计阶段的调节，更强调于建筑的实际使用效果。它是一个真正意义上以建筑实际运转情况为基础的评估体系。而且在不影响基本框架结构的情况下，允许在内容中增加和调整指标，并允许地区专家根据当地实际情况，调整评估指标的优先级。

NABERS 体系的适用于商业办公建筑及住宅（表 3.4），包括四个一级指标。澳大利亚是一个非常干旱的国家，节水管理对其整体的可持续发展非常关键[5]，这个特点也反映在各项指标的分数设置上。NABERS 体系的评估流程是先确定评估指标，再确定评估标准，最后进行评估。NABERS 体系没有采用权重和模拟数据这些计算方法来评估一个建筑，而是通过实测、回收用户使用建筑反馈表等手段真实反映建筑的质量。它以一系列由业主和使用者可以回答的问题作为评估内容，问题包括关于建筑本身的“建筑等级”和关于建筑使用的“使用等级”两大类，因此并不需要培训配备专门评估人员。NABERS 体系采用了“星级”这个当地人们非常熟悉的评估概念（在澳大利亚原有评估体系中采用过），每项的星级可以在 0～5 的范围内选择。

NABERS 体系的主要版本及应用　　表 3.4

版本	颁布年限	评估范围
商业办公整体建筑	2001	办公室建筑、图书馆、商场、旅馆、饭店、影院、博物馆、医院、学校、单位住宅、公寓等
商业办公底层建筑	2001	
商业办租赁	2001	
家庭式	2001	

资料来源：黄宁．建筑绿色评估体系及比较．北京：建筑学报，2005（1）

NABERS 体系的指标组成　　表 3.5

一级指标	温室效应影响	水资源的消耗与处理	场地管理	使用效果
二级指标	升高交通 制冷导致全球气温 能源 全球温室效应	污水管理 雨水管理 水的使用	垃圾掩埋处理 垃圾释放总量 制冷引起臭氧层破坏 有毒物质 自然资源多样性 雨水的污染	使用者的满意程度 室内空气质量

资料来源：作者自绘

某评估项目 NABERS 体系得分表　　表 3.6

NABERS得分	温室效应影响	水资源的消耗与处理	场地管理	使用效果	级别描述
10	5	5	4	3.5	世界领先的
9	4.5	4.5	3.6	3.2	世界级的
8	4	4	3.2	2.9	非常好的
7	3.5	3.5	2.8	2.6	好的
6	3	3	2.4	2.3	中上等的
5	2.5	2.5	2	2	中等的
4	2	2	1.6	1.7	较低级的
3	1.5	1.5	1.2	1.4	差的
2	1	1	0.8	1.1	很差的
1	0.5	0.5	0.4	0.8	极差的

资料来源：黄宁．建筑绿色评估体系及比较．北京：建筑学报，2005（1）

3.2.6 日本《环境共生住宅A-Z》体系

《环境共生住宅 A-Z》由日本建设省住宅局、环境共生住宅推进协会开发，包括规划设计的综合评估、基本性能评估、建筑全生命周期环境冲击评估和事后的验证四大部分。其中，建筑全生命周期环境冲击评估的分类方法已经体现出分阶段评估的雏形。

规划设计的综合评估围绕三个目的六个指标（表 3.7）进行定性评估，每个指标均设有“重点标准”和“追加标准”进行分项评估，共有 37 个“重点标准”和 56 个“追加标准”。每个标准用设问的方式提出，回答只需圈定是与否。基本性能评估进行定量评估，分 4 项“重点标准”和 17 项“追加标准”（表 3.8）。全生命环境冲击评估是按住宅的建设期、使用期、修缮期、更新期、废弃期等阶段对所消耗能源和排放 CO_2 作出评估，计算使用一系列的表格，根据所评估住宅的材料、结构与构造做法和工程量查对表格，逐项计算后累计。事后验证是在住宅建成后的检验，包括住宅基本性能检测和住户反映调查（表 3.9）[6]。

《环境共生住宅 A-Z》规划设计的综合评估　　表 3.7

	目的	方面
规划设计	保护地球环境	节能与可再生能源利用 资源的有效利用与减少废弃物
	与周边环境和谐共处	保护生物多样性和与地域自然环境的和谐 保证室内外空间的连通，享受大自然的恩惠
	安全、健康和舒适的居住环境	安全、健康和舒适性 对于集合住宅，提供对社区活动的支持

资料来源：作者自绘

《环境共生住宅 A-Z》基本性能的综合评估 表 3.8

	特点	方面
基本性能	重点标准	能源消耗：平均每户每年的能量消耗，包括空调、供暖、热水、炊事、照明等的电力、燃气和燃油的消耗 CO_2排放量：平均每户每年的CO_2排放量 上水消费量：住户和小区的用水量，用于评估节水和水循环再利用 垃圾分类回收率：住户垃圾分类回收量占垃圾总量的比率
	追加标准（共17项，列举主要5项）	太阳光发电率（太阳光发电量/总电力负荷） 太阳热利用率（太阳热利用量/采暖与热水的负荷） 绿化率（绿化面积/场地面积） 原有乔木保留率（保留乔木的株数/建设前场地上的乔木株数） 冬至日照率（冬至日的日照时数/8小时） ……

资料来源：作者自绘

《环境共生住宅 A-Z》事后验证的综合评估 表 3.9

	内容	方面
事后验证	住宅检测内容（列举主要4项）	能源消费量（电力、燃气、燃油消耗和可再生能源利用） 上水消费量 垃圾排出量与分类回收 室内物理环境（温度、湿度、辐射温度、照度、亮度、CO_2浓度、换气次数等） ……
	住户反映调查（列举主要6项）	选择住宅和住区时所重视的因素 对户外活动场地、老年人的关注 绿化的满意程度与意见 对居住环境的热、光和声环境的满意程度与意见 对于集合住宅的管理、社区活动、邻里交往等的意见 对管理和维持费用的意见等

资料来源：作者自绘

3.2.7 加拿大BEPAC体系

BEPAC 体系是加拿大第一个衡量新建及已建办公建筑环境性能的综合体系。体系包括能源应用的环境影响、室内空气质量、臭氧层保护、资源保存和选址与交通这五项指标。和美国 LEED 体系类似，BEPAC 体系也对设计和管理方面的创新进行认可。作为加拿大的非官方评估体系，它在行业内的实施由受过训练的评估人员进行，合格建筑将被发放设计和管理证书。

3.2.8 挪威、瑞典以及荷兰相关体系

（1）挪威 Eco-profile 体系

Eco-profile 体系包括了室外环境、资源使用和室内环境三大指标。其中，资源使用和室内环境两项指标着重能源使用的灵活性及效率、有害材料的处理。体系每项指标包含 4～6 个标准，标准设有权重。体系评估对象是已建办公楼，评估形式基于标准表格、调查问卷和报告的形式[7]。

（2）瑞典 Eco-effect 体系

Eco-effect 体系是一个用于计算和评估建筑全生命周期环境影响的综合评估体系，包括能源消耗、材料使用、室内环境、室外环境和全寿命周期费用五项指标，其中，能源和与材料里面使用了全生命周期分析（LCA）的方法。评估的结果用直方图的形式表达[8]。

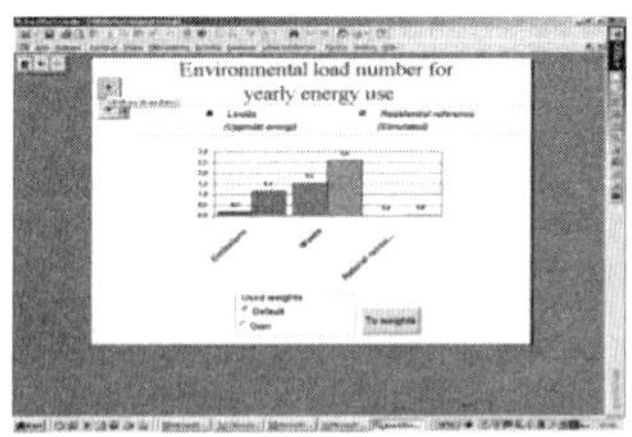

Eco-effect 体系评估结果示例

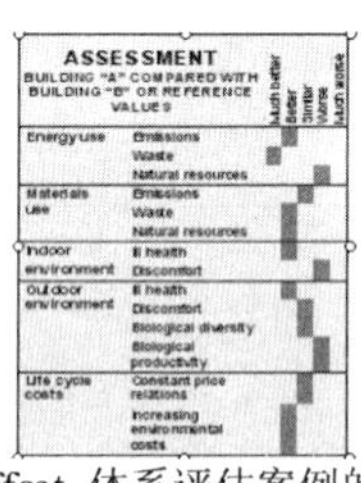

Eco-effect 体系评估案例的比较

图3.8 瑞典Eco-effect体系

资料来源：清华大学土木工程系，北京市建设委员会．海外各国绿色建筑评估系统对比报告，筑能网，2005

（3）荷兰的 Eco-Quantum 体系与 GreenCalc 体系

Eco-Quantum（生态量子）体系由荷兰纳姆斯特丹大学环境研究所研究开发的建筑全生命周期（包括建造、使用、拆除等各个阶段）评估体系。GreenCalc 体系综合考虑了建筑的对环境造成潜在消耗的部分，包括材料、能源、水系统和交通四项指标[9]。

这两种评估体系最初的使用范围完全不同，Eco-Quantum 体系评估居住建筑，GreenCalc 体系则是评估商业建筑。现在，GreenCalc 体系也开始逐渐用于居住建筑的评估。政府有计划将两种体系进行合并。

3.3 建筑绿色评估体系的整体综合比较

从以上比较不难发现，不同的国情对建筑绿色评估体系的影响很大。这是因为，建筑绿色评估体系不仅深受所在国家的气候和材料可供性影响，而且与本国的建筑传统、文化以及社会问题也有相当程度的联系。例如，欧洲国家的居民与北美国家的相比，更加偏好日光照明和自然通风，办公室工作人员容忍与温湿度舒适区偏差的自愿度更高，更愿意在建筑上投入更多的金钱等。这些差异会反映在建筑绿色评估体系里。一

差异会反映在建筑绿色评估体系里。一个成功的建筑绿色评估体系不仅需要评估充分地考虑与适应这些条件和传统，同时也需要通过巧妙的方式使用户通过权衡利弊调整他们的行为来适应评估体系。

各类建筑绿色评估体系的适用对象 表3.10

评估体系	建筑类型			评估对象			
	商业	居住	混合或其他	产品水平	建筑局部	整体建筑	群体或社区
BREEAM	√	√	√	—	√	√	√
LEED	√	√	√	—	—	√	√
GBC	√	√	—	—	—	√	—
CASBEE	√	√	√	—	—	√	—
NABERS	√	√	—	√	√	√	—
Eco-profile	√	—	—	—	—	√	—
Eco-Quantum	—	√	—	√	√	—	—
GreenCalc	√	√	—	—	√	√	—

资料来源：http://www.auspebbu.org/page.cfm?cid=3

各国建筑绿色评估体系在全生命周期范围的涵盖范围 表3.11

评估体系	全生命周期			
	规划阶段[a]	设计阶段	运行维护阶段[b]	生命终结阶段
BREEAM	√	√	√	√
LEED	—	√	√	√
GBC	√	√	√	√
CASBEE	√	√	√	√
NABERS	—	—	√	—
Eco-profile	—	√	√	√
Eco-Quantum	—	√	—	√
GreenCalc	√	√	√	√

a 原文“plan”。“规划阶段”并非指建筑物的规划设计，而是指设计阶段开始前的筹划准备阶段。

b 包括建筑运行维护阶段设备使用造成的能源消耗和污染物排放

资料来源：http://www.auspebbu.org/page.cfm?cid=3

各国建筑绿色评估体系对于环境性能的要素比较（二表之一） 表3.12

评估体系	建筑环境性能要素										
	全球变暖	臭氧消耗	酸雨	富营养作用	人类毒性	生态毒性	冬夏季烟雾	空气排放物	水体排放物	土壤排放物	生物多样性
BREEAM	√√	√√	—	—	√√	√√	—	√	—	—	√√
LEED	√	√	—	—	—	—	—	—	—	—	√
GBC	√√√	√√√	√√	√	—	—	√	—	√√	—	√√√
CASBEE	—	—	—	—	—	—	—	√√	√√	√√	—
NABERS	√√√	√√	—	—	—	—	—	—	√√	—	√√
Eco-profile	—	—	—	—	—	—	—	√√	√√	√√	√√
Eco-Quantum	—	—	—	—	—	—	—	√√	√√	—	—
GreenCalc	—	—	—	—	—	—	—	—	—	—	—

注：覆盖率：√√√√ > √√√ > √√ > √　√√√√非常详细覆盖 √√√详细覆盖 √√正常覆盖 √少量覆盖 —没有覆盖

资料来源：http://www.auspebbu.org/page.cfm?cid=3

各国建筑绿色评估体系对于环境性能的要素比较（二表之二）

表3.13

评估体系	建筑环境性能要素																	
	室内环境质量				材料与资源的使用				交通	能源					水系统			
	热环境	光环境	空气质量	声环境	消耗	再利用	废弃	使用寿命		建材能耗	运行能耗	用能效率	热负荷	可再生能源	建材用水	运行用水	用水效率	再利用
BREEAM	√√	√√	√√	√√	√√	√√	—	—	√√	—	√√	√√	—	—	—	√√	√√	√
LEED	√√	—	√√	—	—	√√	√√	—	√√	—	—	√√	—	√√	—	—	√√	√
GBC	√√	√√	√√	√√	√√√	√√	√√√	√	√√	√√	√√	√√√	—	√√	—	√√	√√	—
CASBEE	√√	√√	√√	√√	√	√√	√√	√√	√	—	√√	√√	√√	—	—	—	√√	—
NABERS	√√√	√√	√√√	√√√	—	—	√√√	—	√√√	—	√√	—	—	—	—	√√	—	—
Eco-profile	√√	√√	√√	√√	√√	—	√	—	√√	—	√√	—	—	—	—	√√	√	—
Eco-Quantum	—	—	—	—	√√	—	√√	√√	—	—	√√	—	—	—	—	—	—	—
GreenCalc	—	—	—	—	√√	—	—	—	√√	—	√√	—	—	—	—	√√	—	—

注：覆盖率：√√√√>√√√>√√>√　√√√√非常详细覆盖 √√√详细覆盖 √√正常覆盖 √少量覆盖 —没有覆盖

资料来源：http://www.auspebbu.org/page.cfm?cid=3

本章注释：

[1] 不过学者也同时指出，“在可持续发展建筑实践尚不成熟的时候，相对简单和透明的绿色建筑评估体系，更易于被实践理解和接受，能激发和鼓励人们对可持续发展建筑的兴趣、讨论和实践，较为简明的评估和合理的评估费用也利于建筑评估的推广和应用。权重系统会增加评估的复杂性，而且初始阶段由于缺乏足够的研究，还很难在 BREEAM 中加入一套严谨的权重系统。”参见：徐子苹 刘少瑜．英国建筑研究所环境评估法 BREEAM 引介．武汉：新建筑，2002（1）。

[2] 1998 年 8 月公布了绿色建筑评价系统 LEED V1.0，2000 年 3 月推出了 LEED V2.0，2002 年发布了 LEED V2.1，2005 年发布了 LEED V2.2，2009 年 4 月发布了 LEED2009（LEEDV3.0）。自 LEED2009（LEED V3.0）发布后，申请 LEED 认证，需遵循最新评估体系的要求。

[3] DfE：Design for Environment。

[4] 日文中的“集合住宅”指公寓式住宅，包括用于租赁服务的公寓楼、分期付款住宅以及各种集中规划的公共住宅区。CASBEE 体系的评估对象不包括别墅住宅。

[5] 资料来源：黄宁．建筑绿色评估体系及比较．北京：建筑学报，2005（1）。

[6] 资料来源：秦佑国．国外生态住宅评估体系．北京：中国产业环保，2004（4）。

[7] 资料来源：清华大学土木工程系，北京市建设委员会．海外各国绿色建筑评估系统对比报告，筑能网，2005。

[8] 同上。

[9] 资料来源：http://www.greencalc.com/en-overgreencalc.html。

第四章 国外住宅绿色评估体系的典型案例

如前文所述，在众多的建筑绿色评估体系之中，BREEAM 体系、LEED 体系、CASBEE 体系以及 GBC 体系是代表性最强、影响最广（特别是对我国影响最大）的建筑绿色评估体系。这四种典型评估体系均制定针对居住建筑建筑的评估版本。

4.1 英国生态家园体系

4.1.1 版本介绍

“生态家园”（Ecohomes）是 BREEAM 体系的居住建筑版本，首次发布于 2000 年。生态家园体系满足了近年来英国市场对居住类建筑进行环境评估的新需求。生态家园评估体系主要包括能源、交通、污染、材料、水、土地利用与生态以及健康与舒适性这七项指标。表 4.2 是网上下载的自评版本，从中可以了解体系的主要内容。

生态家园体系 2002 版本分类权重统计　　表 4.1

一级指标	能源	交通	污染	材料	水	土地利用及生态价值	健康与舒适性	合计
标准（项）	5	4	2	4	2	3	3	23
最高得分（分）	20	7	7	31	5	9	7	86
权重	0.3	0.3	0.15	0.15	0.10	0.15	0.15	1

资料来源：作者自绘

生态家园体系 2005 版本自评版内容　　表 4.2

一级指标	标准
1 能源（占总得分比重的 21.42%）	CO_2排放量，≤60公斤（平方米•年）起评，达到≤0得分为最高 建筑围护结构热工性能，较现有规范中所规定数值的改善率≥10%起评，达到≥30%为最高（英格兰、苏格兰和威尔士的具体要求有所不同） 干燥安全空间（主要指干燥衣服）的提供情况 使用贴有生态节能标识的白色家电的情况 外部照明，包括空间照明与安全照明，具有低能耗的室外灯光系统
2 交通（占总得分比重的 8.56%）	具有进出方便的公共交通城市和郊区80%的开发在下列范围内： 15分钟高峰和半小时一次的非高峰服务是500米范围内，30分钟高峰和每小时一次的非高峰服务是1000米范围内； 乡村80%的开发在下列范围内： 每小时一次的服务是500米范围内，每小时一次或社区公共汽车服务在1000米范围内 自行车库的配置比例是否达标 居住区附近配套设施的情况，如500米范围内有一个食品店和邮局； 或还有1000米范围内有以下9项中的5项： 邮局、银行、药店、学校、医疗中心、休闲娱乐中心、社区中心、酒店和儿童乐

续表

一级指标	标准
	园，另外有安全人行通道到达以上设施 是否有可供家庭办公的空间和服务设施
3 污染 （占总得分比重的14.99%）	防止ODP和GWP[a]：保证屋顶（包括阁楼）、墙（包括门和窗楣）、楼板（包括基础）、热水贮存器里均不含持续消耗臭氧的物质 控制氧化氮物（NO_X）的释放：社区95%的住宅必须使用氧化氮物的平均排放率低于或等于一定等级的采暖和热水系统 减少表面径流 能源的低释放：要求住区采暖（空间和热水）或非采暖供电中至少10%由当地可再生能源供应
4 材料 （占总得分比重的14.98%）	建筑基本结构中，持有证明的木材、木材产品以及可循环再生部分的使用比例 装饰构件中，持有证明的木材、木材产品以及可循环再生部分的使用比例 材料回收利用：可循环使用的室内外废物仓库 材料的环境影响：屋顶、外墙、内墙、楼板、窗户、花园硬地铺材及栅栏等构件是否达到绿色住宅指南中的A级产品要求
5 水（占总分比重的10%）	内部水的使用：控制每年每户用水量 外部水的使用：利用雨水收集系统来灌溉花园或景观区域
6 土地利用和生态价值 （占总得分比重的15.01%）	场地的生态价值 生态价值的增强：通过专家咨询提高场地的生态价值 生态特征的保护：对场地内已有的生态特征进行保护与提高 改变场地的生态价值：严重降低物种数量的项目不得分，提高物种数量的项目得分 建筑用地：要有效利用建筑用地
7 健康与舒适性 （占总得分比重的15.04%）	是否有充分的采光，包括厨房和其他可居住的房间均有日光 隔声性能设计是否优于建筑规范要求，包括分户墙隔声 是否有私密或半私密的室外空间

a ODP是Ozone depletion potential（臭氧耗减潜能值）的简称，GWP是Global warming potential（全球变暖潜能值）的简称

资料来源：www.bre.com

生态家园的控制对象是百分率得分，表达方式以直方图为主。具体的计分方法是在得到每项指标的得分后，与指标的最高分相比得到指标得分率，然后再乘以权重，最终得到百分数形式的得分。

生态家园评分等级有四级：优秀、很好、好、通过，如表4.3所示。结果控制的范围划分中，“不通过”等级的范围最大，其次是“优秀”类型的范围，而“优秀”、“很好”和“好”3种等级的范围接近（图4.1）。

英国 Ecohomes 体系 2002 版本的结果控制范围划分及说明　　表 4.3

标志	等级	得分百分率（%）	说明
	优秀	70	开发必须在各个方面堪称典范
	很好	60	开发在建筑环境上付出极大努力
	好	48	开发者在大多数领域做出好的尝试
	通过	36	大多数开发通过一定的设计和较少的投入都可以取得该等级

资料来源：作者自绘

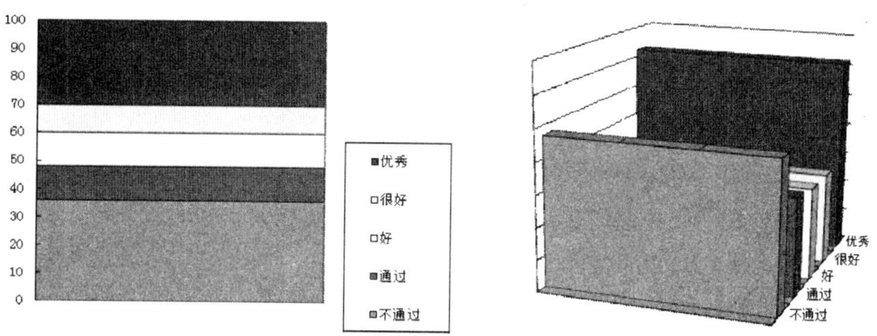

图4.1　生态家园体系2002版本的结果控制范围划分的分布关系

资料来源：作者自绘

4.1.2　评估案例

生态家园体系中对于通过优秀级别的项目要求很高，相应的，取得这一称号的住宅数量也较少。格林尼治千年村（Greenwich millennium village）（图 4.2）和泰晤士米德的伽昂文生态公园（Thamesmead Gallions Ecopark）（图 4.3）就是为数不多获得优秀级别项目的一分子。格林威治千年村的环境目标是：减少 80% 的主要能源消耗、提供 10% 的来自风能和太阳能的可再生能源、减少 50% 的建材能源、减少 30% 的水消耗、减少 50% 的现场垃圾、80% 循环交通以及 CO_2 的零排放。伽昂文生态公园的相关信息详参表 4.4。

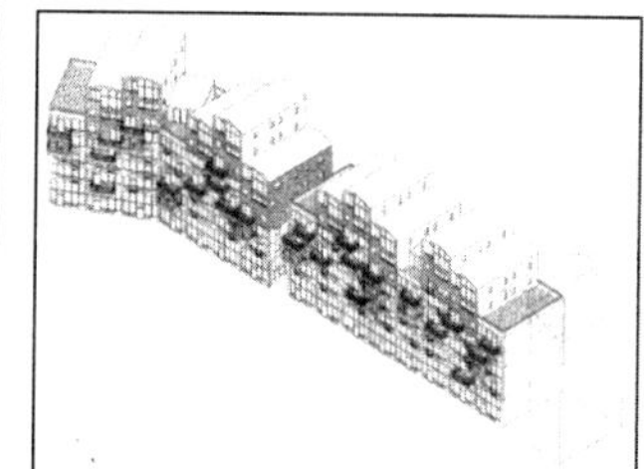

图4.2　英国格林威治千年村

资料来源：http://www.greenwich-village.co.uk/

伽昂文生态公园评估的相关信息　　　　表4.4

	开发商	Gallions Housing Association and Willmott Dixon Housing
能源	CO_2排放	低标准的能源消耗，加上低能耗照明装置的使用
	围护结构	取得最高得分
	其他	每个后院提供旋转干燥机
		提供购买高能效白色家电的信息
		外部照明采用荧光灯，使用传感器和定时器进行控制
交通	CO_2排放	用地500米范围内有交通站点
	汽车交通的可选性	提供了一定数量的自行车库
	其他	目前利用了当地的服务设施，当全部建设完成后，将提供更近的中心服务区
		没有提供家庭办公的可能性
污染	臭氧损耗	楼板、屋顶、墙以及热水容器的材料均不含有损耗臭氧的物质
	NO_X排放	采用五级设备的Vaillant Ecomax 613锅炉
材料	木材	建造木材：需要政府证明和PEFC共两份证明 装饰木材：需要政府证明或PEFC任一份证明
	全寿命周期分析	采用了A级材料，例如屋顶、外墙、内墙以及木窗的材料
	其他	提供室内外废物仓库以鼓励家用垃圾的回收利用
水	节约使用	通过低流量洁具（4/2.5）等设备来鼓励平均水消耗降到42.61立方米/每年
土地和生态	生态价值	设计团队提升了用地内的生态特征
		1公顷范围内，增加了9种以上的自然物种
	土地利用	建筑层数为两层
健康舒适	日照	大窗提供了良好的自然采光
	噪声	墙体有良好的隔声性能
	其他	每家都有私人花园

资料来源：可持续发展住宅，筑能网，2005

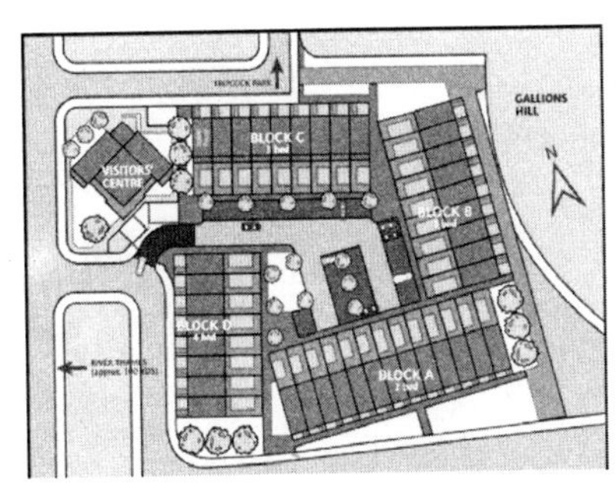

图4.3　英国伽昂文生态公园

资料来源：http://www.gallionsecopark.co.uk/

4.1.3 零能耗工厂的探索

英国著名生态建筑师比尔×邓斯特（Bill Dunster）与环境顾问公司生态区开发集团（BioRegional Development Group）合作，成立了一个致力于可持续发展建筑研究和实践的组织——零能耗工厂（ZEDfactory），希望通过切实有效的工作降低建筑的能耗，并证明环保生活方式是方便、舒适并充满乐趣的。

（1）BedZED 社区的实践

BedZED 社区是零能耗工厂的代表作品，它获得了英国皇家建筑师协会 2003 年度的可持续发展奖，是英国目前已建成的建筑项目中最全面、最集中地体现了可持续发展概念的实例之一。

BedZED 是 Beddington Zero Energy Development 的缩写，意为零能耗开发，Bed 代表该社区的地名贝丁顿。该社区建设始于 2000 年 10 月，2002 年 3 月竣工入住，是一个以居住为主，兼有工作场所的新型社区。社区占地 1.65hm^2，含 82 套居住与工作混合单位，标准户型面积为 79.90m^2，还设置了 2500m^2 工作场所以及运动场、会所、托儿所、商店和咖啡馆等配套设施。

BedZED 的技术依托组合了各种已经被广泛认同了的基本方法：减少能源、水以及汽车的使用，但并不追求高科技。更重要的是，BedZED 在工作和生活的方式上向传统社区提出了挑战。设计人倡导的绿色生活方式的核心是人类活动空间应该尽可能紧凑，以有效地利用资源、降低污染，使人们享受健康的生活。努力创造一种人们期望而又能够支付的生活方式，建立起一个新型、富有吸引力、能够反映和发扬当地风格的城市社区。

2004 年 7 月，BedZED 社区参加了 BRE 的生态家园体系 2002 版的认证评估，获得了“优秀”级别，其中能源一项获得了满分。

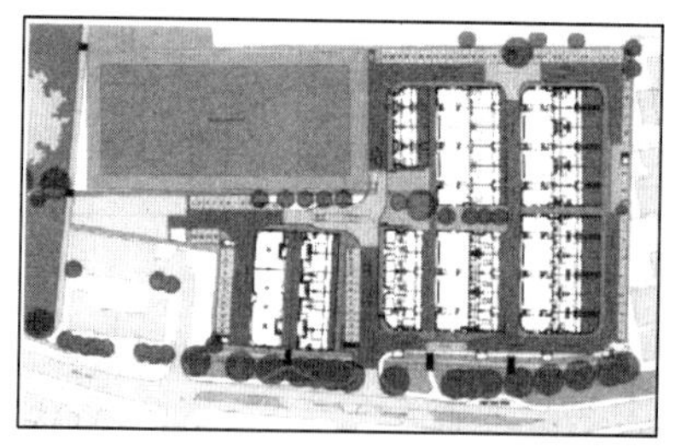

图4.4 英国BedZED社区总平面及外观效果

资料来源：夏菁，黄作栋．英国贝丁顿零能耗发展项目．北京：世界建筑．2004（8）

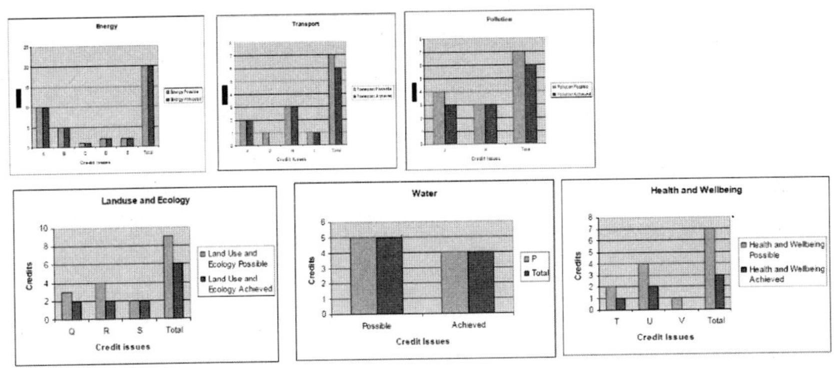

图4.5　英国BedZED社区的“生态家园”评估

资料来源：www.zedfactory.com

BedZED 社区“生态家园”的认证得分　　　　**表 4.5**

指标分类	最高得分	指标得分	得分率	权重	评估得分
能源	20	20			
交通	7	6			
合计	27	26	96.30	0.30	28.89
污染	7	6	85.71	0.15	12.86
材料	31	23	74.19	0.15	11.13
水	5	4	80.00	0.10	8.00
土地利用与生态价值	9	6	66.67	0.15	10.00
健康与舒适性	7	3	42.86	0.15	6.43
合计					77.30

资料来源：www.zedfactory.com

在不同密度和规模的开发实践的基础上（表 4.6），零能耗工厂针对零能耗的目标制定了一系列特点鲜明的标准，这些标准注重对于单体建筑节能的控制；强调居民的生活方式对于环境的重要影响，并对其进行良性引导；采用生态足迹作为各项标准的环境性能的衡量工具。零能耗工厂综合分析场地条件和客户需求，提出专业的、有针对性的可持续发展建议。大多数情况下，最终达到零能耗标准的要求需要 5～20 年。

零能耗标准与生态家园体系不同，它不是应用在全国范围的评估体系，也不具备评估认证的权威作用。但是，它对于当地同类型的社区有很强的指导借鉴作用。表 4.7 是零能耗标准 1.0 版的内容，显示了标准制定者对于能源与生活方式这两方面的重视程度。

零能耗标准的针对对象　　表 4.6

	零能耗乡村住宅	零能耗标准单元	Bed零能耗社区内部组团	五层公寓	高层零能耗低层零能耗混合
住宅类型	独立住宅	联排住宅和生活工作单元	联排住宅/办公室/带花园的生活工作单元	高密度联排住宅和公寓	带有可选择的商业、基础设施、学校、社区的高层公寓
项目照片					

资料来源： www.zedfactory.com

零能耗标准 1.0 版本内容　　表 4.7

	密度（户数/每公顷）	20	80	120	500
	描述范例	农村住房	有露台的生活/工作单元	有工作单元的联排别墅、公寓	有商业单元的高层公寓
N 食物	目标：降低食品供应链条的环境影响	100%	100%	60%	0%
N1：场地内的培育空间	有私人花园（至少每个花圃 10m²），且带有至少300mm土壤来种植食物的住宅的最小比重。花园应能接收至少每年1800小时阳光。				
N2：场地外的食物种植	能进入500米范围内的种植点或者与本地农场相连。注： 在更大型的开发中，种植点应设置在基地内。	√	√	√	√
N3：减少食品输送距离	住宅提供“家庭港”空间或者类似的安全传送盒。所有新住户有装入系统的选择权。	√	√	√	√
N4A：鼓励本地食品	住宅具有卸下食品箱的安全空间，为所有新住户提供当地的农场配送计划及农贸市场的细节。	√	√	√	√
N4B：本地食品	提供适用于农贸市场的空间。		√	√	√

续表

	密度（户数/每公顷）	20	80	120	500
	描述范例	农村住房	有露台的生活/工作单元	有工作单元的联排别墅、公寓	有商业单元的高层公寓
N5：降低食品含能	在零能耗建筑内建设食品零售处和面包店。				√
N6：学习和技巧	给居民提供关于当前的食品供应链的信息和种植本地食品的教育材料以及适合本地种植条件的种子。	√	√	√	√
N7：果园	种植水果和坚果树（至少每户一棵，在更大的范围内应是多树种混合）。	√			√
N8：温室	提供温室。	√			√
S　掩体	目标：降低建筑基础设施相关的持续环境影响。				
S1：减少空间采暖、制冷和热水供应需求	设计用于15kWh/m²/yr以下的采暖/制冷（包括热水）需求。设计用于被动加热或制冷。	√	√	√	√
S2：降低电的需求	设计为电量消耗（烹饪、照明、电器）少于20kWh/m²/yr。	√	√	√	√
S3：自给的可再生能源供应	通过基地上的可再生产量100%满足直接能源需求，并实现CO_2的零输出。	√	√	√	√
S4：日照空间	住宅中日照空间作烘干空间的比率控制。	100%	100%	60%	100%
S5：学习和技巧	提供建筑的“操作”手册。完备的展示设施测定，以增加“资源学历”。	√	√	√	√
M　机动性	目标：降低出行需求和任何迁移活动的影响。				
M1：可达性	至少__%的住宅在以下设施的500m范围内：公共交通站点、食品店、药店、学校、医疗中心、休闲中心或社区中心、公共住房、儿童游戏区域。	0%	100%	100%	100%
M2：环行停车	安全的、有顶的环行停车—停车位每人一个。	√	√	√	√
M3：工作空间	基地提供12m²/人的工作空间。有条件时包括宽带网络和额外电力、电话插座。	√	√	√	√
M4：汽车俱乐部	建立汽车俱乐部，大型开发提供公有车辆。		√	√	√

续表

	密度（户数/每公顷）	20	80	120	500
	描述范例	农村住房	有露台的生活/工作单元	有工作单元的联排别墅、公寓	有商业单元的高层公寓
M5：汽车停车	达成每个居住范围汽车停车空间不高于0.5的协议。		√	√	√
M6：其他燃料车辆	为充电车辆提供零排放设施。每十户一个充电点。		√	√	√
M7：学习和技巧	提供标明本地设施和公交时间表的本地地图。提供关于“绿色旅游”的教育材料，包括对基地设施的描述（例如车辆充电点）。	√	√	√	√
M8：生态出行手段	社区提供绿色出行手段。				√
G 产品和服务	目标：降低产品与服务在消费和废品减少及管理过程中的环境影响。				
G1：室内循环贮藏	所有住房都提供至少五种不同的室内空间，供材料（例如，纸、玻璃、衣服、电、卡纸、塑料、肥料）和垃圾废物循环用。每种的最小容量是10升/人。	√	√	√	√
G2：户外循环贮藏	所有住房都提供户外的循环空间，供至少五种不同的材料（例如，纸、玻璃、衣服、电、卡纸、塑料、肥料）和垃圾废物循环用。每种最小容量是20升/人。	√	√	√	√
G3：学习和技巧	提供当地市政和社团的循环计划的信息。提供至少25种废物的安全处理/循环/再利用的信息。此外还有关于减少、再利用和循环废弃物的背景信息。[a]	√	√	√	√
G4：堆制肥料	提供基地内的堆肥设施。	√	√	√	√
G5：废弃物管理	基地内的再利用/循环设施。				√
正在编制中ZED标准第二版					
食物	零化石能源农场（ZEF）供应链				
掩蔽	将增加：外部和内部的水利用				
建设	提出的新部分，用于处理建造材料获取和认证、循环内容、运营标准、生物多样性评估、SUDS[b]、天光和声的隔离、气候实验和入住后评估等问题。				

a 家用电池，汽车电池，铝，纺织品，棕色、绿色和白色的玻璃，薄玻璃，纸，卡纸，塑料，尿布，铁罐，木材，颜料，电脑配件，发动机油，旧工具，旧自行车，核，鞋，旧家具，白色商品，花园废弃物，食品废弃物。

b SUDS是英国研发的一种“可持续城市排水系统”，该系统可防止雨水进入常规的地下排水系统与里面的污水混合。可持续城市排水系统将雨水引入排水管道、水塘以及人造湿地的方式，可使水慢慢渗入地下，防止它淹没城市的下水道。

资料来源：www.zedfactory.com

（2）零能耗标准的启发

零能耗标准的设计者希望通过标准引导一种新型的社区生活，使人们享受健康的生活。设计者结合零能耗对生态家园体系进行了补充（详参附录）。零能耗标准作为一个地方体系，它遵循了国家体系的框架，并在此基础上进一步发展完善相关内容，使之更为适用。这种经验值得借鉴。

4.2 美国LEED体系的住宅版本

4.2.1 版本介绍

LEED V2.0 体系是我国住宅绿色评估体系主要的借鉴对象之一。它包括七项指标：选择可持续发展的建筑场地、节水、能源和大气环境、材料和资源、室内环境质量、符合能源和环境设计先导（LEED）的创新得分、经过能源和环境设计先导（LEED）认证的专业人员。前五项指标均为建筑环境性能指标（图 4.6）。

LEED 体系设置了一票否决项。体系对选择可持续发展的建筑场地、节水、能源和大气环境、材料和资源、室内环境质量这五项指标均设置了基本前提条件。如果申请评估项目不能达到基本前提条件，那么此项目不允许参评。

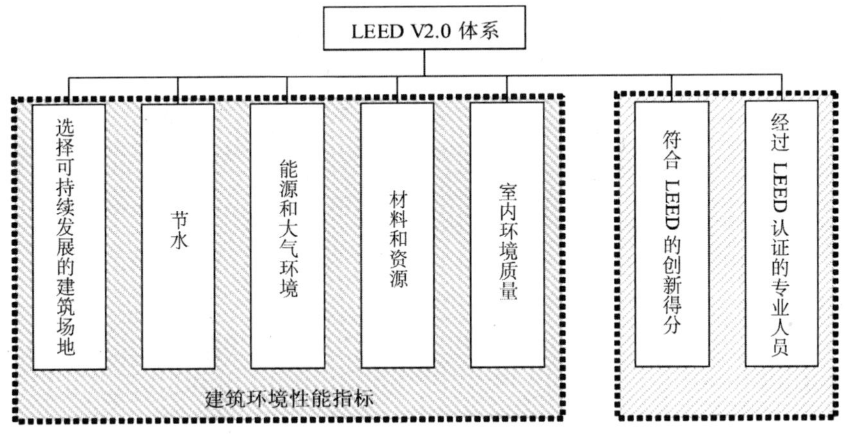

图4.6 LEED V2.0体系包括的七项指标

资料来源：作者自绘

美国 LEED V2.0 体系的指标标准数量　　表 4.8

序号	指标	一票否决项	标准项	分值（分）
1	选择可持续发展的建筑场地	1	8	14
2	节水	—	3	5
3	能源和大气环境	3	6	17
4	材料和资源	1	7	13
5	室内环境质量	2	8	15
6	符合能源和环境设计先导（LEED）的创新得分	—	1	15
7	经过LEED认证的专业人员	—	1	5
合计		7	34	69

资料来源：作者自绘

美国 VLEED2.0 体系内容　　表 4.9

指标	前提条件	得分点	最高分值	比重（%）
选择可持续发展的建筑场地	冲性和沉积控制	（1）建筑选址	1	1.45
		（2）城市改造	1	1.45
		（3）褐地再开发	1	1.45
		（4）可供选择的交通设施	4	5.80
		（5）减少对场地的扰动	2	2.90
		（6）雨水管理	2	2.90
		（7）利用园林绿化和建筑外部设计以减少热岛效应	2	2.90
		（8）减少光污染	1	1.45
节水		（1）节水景观设计	2	2.90
		（2）废水创新技术	1	1.45
		（3）节约用水	2	2.90
能源与大气环境	1 基本建筑系统调试启动 2 最低能源消耗 3 减少暖通空调制冷设备（HVAC）中的氟氯烃（CFC）	（1）优化能源利用	10	14.50
		（2）可再生能源	3	4.35
		（3）其他调试启动	1	1.45
		（4）禁止使用含氢代氟氯烃类化合物（HCFCs）和卤盐（Halons）的产品	1	1.45
		（5）计量和核准	1	1.45
		（6）绿色电能	1	1.45
材料与资源	可回收物质的储存和收集	（1）旧建筑的更新	3	4.35
		（2）施工废物管理	2	2.90
		（3）资源再利用	2	2.90
		（4）可循环使用的物质	2	2.90
		（5）就地取材	2	2.90
		（6）可快速再生的材料	1	1.45
		（7）使用经过认证的木材	1	1.45

美国 LEED2.0 体系内容　　表 4.10

指标	前提条件	得分点	最高分值	比重（%）
室内环境质量	1 室内空气质量（IAQ）的最低要求 2 控制环境中的烟草烟雾（ETS）	（1）CO_2监测	1	1.45
		（2）提高通风效率	1	1.45
		（3）施工现场室内空气质量管理方案	2	2.90
		（4）低挥发材料	4	5.80
		（5）室内化学品和污染源控制	1	1.45
		（6）系统可控度	2	2.90
		（7）热舒适度	2	2.90
		（8）天然采光和视野	2	2.90
符合能源和环境设计先导（LEED）的创新得分				
经过LEED认证的专业人员				

资料来源：作者自绘

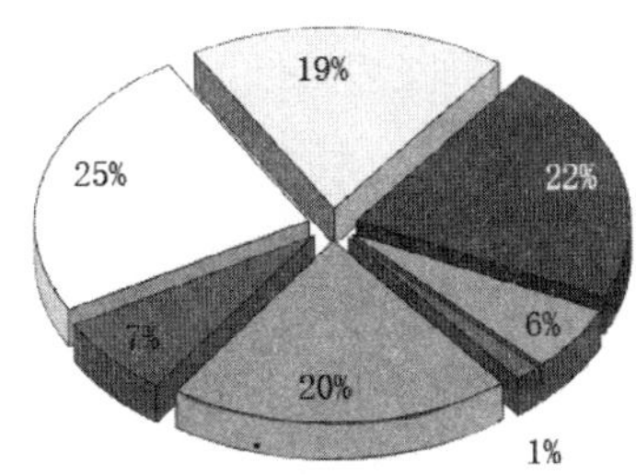

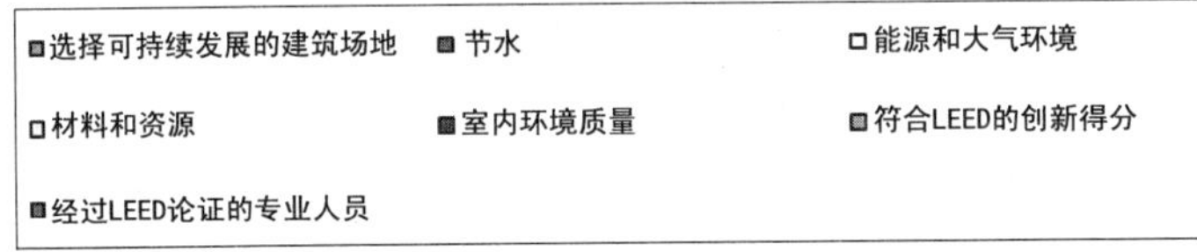

图4.7
LEED V2.0体系的指标权重
资料来源：作者自绘

LEED 体系没有权重，但是可以计算出每条指标 / 标准的比重（参见 2.2.2），比重显示了各项指标的重要程度（图 4.7）。

LEED 体系认证分铂金认证、金牌认证、银牌认证、合格四种，总分 69 分，52 ～ 69 分为铂金认证，39 ～ 51 分为金质认证，33 ～ 38 分为银质认证，26 ～ 32 分为合格认证，低于 26 分的视为不合格。与生态家园体系不同，LEED 体系的结果控制是得分，具体的范围划分见图 4.8。

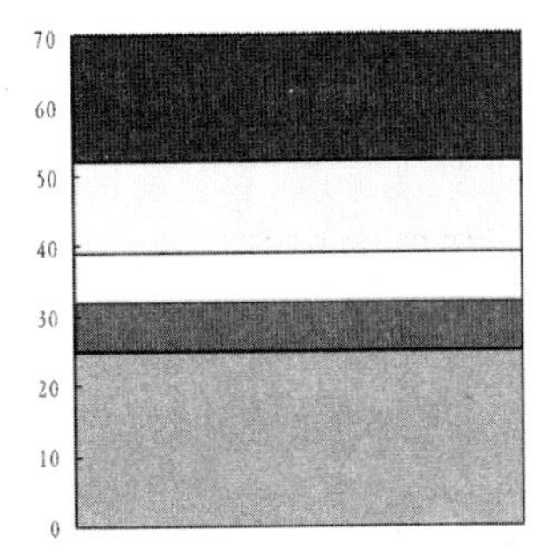

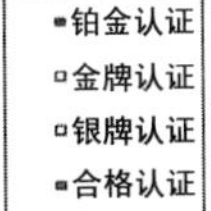

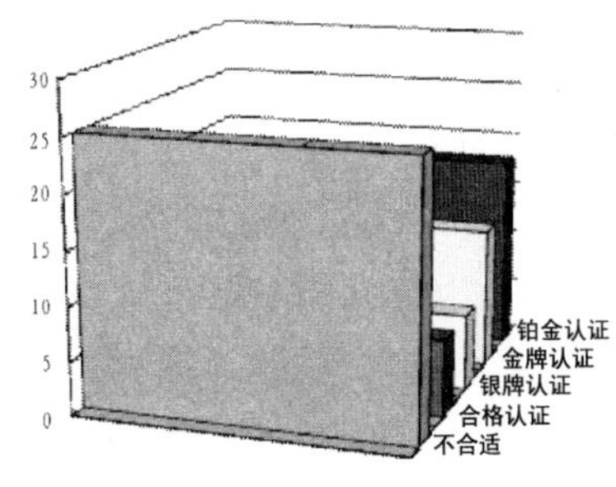

图4.8
LEED V2.0体系结果控制的范围划分分布
资料来源：作者自绘

4.2.2 美国 LEED-ND 体系

LEED for Neighborhood Development，又称为 LEED-ND，是由美国绿色建筑委员会、美国新城市主义协会（the Congress for the New Urbanism）以及自然资源保护协会（National Resource Defense Council）共同开发的一套面向社区规划的可持续发展评估体系。与LEED 体系中的其他版本不同，LEED-ND 是基于建筑学科对于美国城市蔓延的思考，借鉴了城市精明增长的理论，评估体系的重点放在社区建设上，更引入了可持续发展的城市设计的理论，如混合式的土地利用和房屋布局，控制建筑密度，鼓励公共交通等，作为 LEED 体系的补充与完善。LEED-ND 体系对于现有社区的改良，提高土地的利用强度，减少汽车的使用，改善空气质量，为不同层次的居民创造和谐共处的环境具有较为现实的指导意义。

（1）LEED-ND 体系的内容

2005 年 9 月至 10 月间，LEED-ND 体系指导委员会将拟定的体系审议稿[1]，在互联网上公布以供公众给予评价与意见。审议稿的具体内容参见 (表 4.10)。

美国LEED-ND体系（审议稿）的内容　　表4.10

1　选择有效的场地（2个前提条件/7个得分点/28分/占总分25%）			
前提条件	得分点	最高分值	比重（%）
1　有效的交通 2　有效的水系统	（1）褐地再开发	4	3.5
	（2）高成本褐地再开发	1	0.9
	（3）邻近已开发的场地	3～10	8.8
	（4）减少汽车依赖	2～6	5.3
	（5）促进就业—居住的平衡	4	3.5
	（6）临近学校	1	0.9
	（7）公共空间的可达性	2	1.8
2　环境保护（5个前提条件/11个得分点/13分/占总分11%）			
前提条件	**得分点**	**最高分值**	**比重（%）**
1　危害物种和生态社区 2　公用场地保护 3　湿地和水体保护 4　腐蚀沉降控制 5　农田保护	（1）支持场地外用地保护	2	1.8
	（2）动植物栖息地或是湿地保护的场地设计	1	0.9
	（3）动植物栖息地或是湿地的恢复	1	0.9
	（4）动植物栖息地或是湿地的保护管理	1	0.9
	（5）陡峭坡地的保存	1	0.9
	（6）建造期间场地扰动的最小化	1	0.9
	（7）场地设计期间场地扰动的最小化	1	0.9
	（8）维持雨水径流速度	1	0.9
	（9）减小雨水径流速度	1	0.9
	（10）暴雨处理方案	2	1.8
	（11）防止室外有害废物污染	1	0.9

续表

3 紧凑、完善和联系的社区（3个前提条件/22个得分点/42分/占总分37%）			
前提条件	得分点	最高分值	比重（%）
1 开放社区 2 紧凑发展模式 3 多元化	（1）紧凑开发	1～5	
	（2）交通导向	1	0.9
	（3）多元化使用	1～3	2.6
	（4）混合居住	4	3.5
	（5）提供租用住宅	1～2	1.8
	（6）提供出售住宅	1～2	1.8
	（7）减少停车面积	2	1.8
	（8）社区延展和参与	1	0.9
	（9）街区范围	1～4	3.5
	（10）建筑与步行街道相联系	1	0.9
	（11）建筑设计便于步行街道的通行	1	0.9
	（12）建筑设计塑造步行街道	1	0.9
	（13）步行街道的多样化设计	2	1.8
	（14）街道网络	1	0.9
	（15）人行网络	1	0.9
	（16）行人安全舒适最大化	1	0.9
	（17）良好的步行体验	1～2	1.8
	（18）城市生活建筑中的区域单元	1	0.9
	（19）传递援助	3	2.6
	（20）传递关爱	1	0.9
	（21）通往邻近社区	1	0.9
	（22）历史性建筑物的适当再利用	1～2	1.8

4 资源效率（0个前提条件/17个得分点/25分/占总分22%）			
前提条件	得分点	最高分值	比重（%）
	（1）认证的绿色建筑	1～5	4.4
	（2）建筑的能源效率	1～3	2.6
	（3）建筑的水效率	1～2	1.8
	（4）热岛效应的减少	1	0.9
	（5）基础设施能源效率	1	0.9
	（6）基地内能源发电	1	0.9
	（7）场地内可再生能源来源	1	0.9
	（8）有效灌溉	1	0.9
	（9）灰水雨水再利用	2	1.8
	（10）废水管理	1	0.9
	（11）材料再利用	1	0.9
	（12）循环利用的内容	1	0.9
	（13）就地取材	1	0.9
	（14）建造垃圾管理	1	0.9
	（15）综合垃圾管理	1	0.9
	（16）降低光污染	1	0.9
	（17）褐地补救中污染物的降低	1	0.9

5 其他（0个前提条件/2个得分点/6分/占总分5%）			
前提条件	得分点	最高分值	比重（%）
	（1）经过LEED认证的专业人员	1～2	1.8
	（2）认证的创新得分	1～4	3.5
总分		114	100

资料来源：www.usgbc.org

LEED 体系其他版本多针对单体建筑进行评估，LEED-ND 体系的对象是社区，因此它的指标组成较其他版本的 LEED 体系有很大的变化。评估体系出现了一个新指标——“紧凑、完善和联系的社区”，其他评估单体建筑版本中包含的若干一级指标被整合到资源效率这一项指标之中。指标内容变了，相应的，比重也发生了改变。各项一级指标中，比重最大的指标就是新指标“紧凑、完善和联系的社区”。

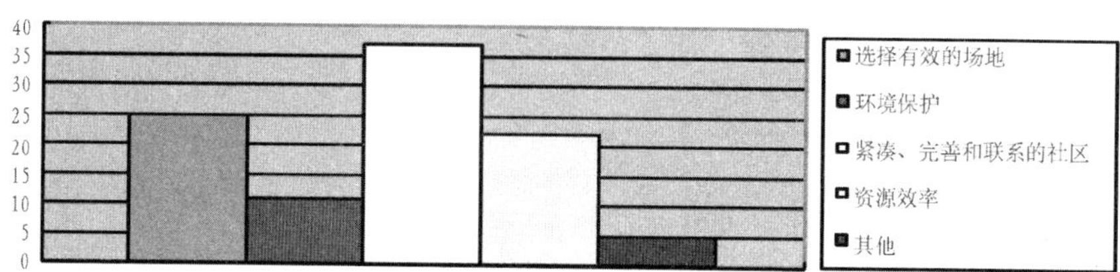

图4.9　LEED-ND体系（审议稿）的一级指标的比重关系

资料来源：作者自绘

LEED-ND 体系按百分率控制结果，采用仍然是四个级别：46～56 分（总分的 40%）；银奖 57～67 分（总分的 50%）；金奖 68～90 分（总分的 60%）；白金奖 91～114 分（总分的 80%）。

（2）LEED-ND 体系的启发

LEED 体系逐步由单体建筑环境评估拓展到综合社区环境评估，这个发展过程本身的启发意义最大。与单体建筑的评估相比，可持续社区的评估更倾向于一个环境、人文、基础设施等状况的综合表现。可持续社区需要全局考虑，通过多样化的措施，例如减少社区里的人们出行的频率，多使用公共交通而非自驾车等方式来降低能耗。可持续社区的评估着重于社区规划的调整和多方面的全面表现。

当然，我国的城市住区模式和欧美的社区模式有很大区别，而且我国和欧美的国情也存在巨大差异。“欧美国家普遍认为在贯彻可持续发展思想的规划中，应适度提高城市密度，尤其是居住社区的密度。他们认为只有提高城市的密度后，才能有利于节约土地和控制城市规模，才能有利于改变过分依赖私人小汽车的出行模式。而在我国，城市的建筑密度一般都比较高，大城市的建筑密度往往更高，因此在我国反而应注意降低城市的密度，为人们创造较为舒适的住区环境。[2]”因此，学习借鉴 LEED-ND 体系，不是指照搬照套它的内容，而是应活学活用它的理念与原则。

4.3 多国GBC体系的住宅版本

4.3.1 版本介绍

GBC 体系包括七个环境性能问题：资源消耗、环境负荷、室内环境质量、服务质量、经济性、使用前管理和社区交通。GBC 体系的核心是前四项指标，评估这些指标的完成情况需参照相应的标准进行评分。经济性指标与使用前管理指标均没有定量标准，评估这两项指标时也就无须给出指标的定量评分，只要在评估报告中提供描述性的文字供评估参考。社区交通指标仍在研究之中，不参加评估。

GBC 体系 2000 版本第 4 卷集合住宅版本的内容　　表 4.11

<table>
<tr><th>分类</th><th>权重</th><th>一级指标</th></tr>
<tr><td rowspan="5">（1）R建筑物对资源的消耗</td><td rowspan="5">20%</td><td>R1 能源的消耗</td></tr>
<tr><td>R2 土地的利用与土地生态价值的变化</td></tr>
<tr><td>R3 饮用水的净消耗</td></tr>
<tr><td>R4 建筑材料的消耗</td></tr>
<tr><td>R5 3R材料的利用</td></tr>
<tr><td rowspan="14">（2）L环境负荷</td><td rowspan="14">20%</td><td>L1 温室气体排放</td></tr>
<tr><td>L2 破坏臭氧层物质的排放</td></tr>
<tr><td>L3 酸化气体排放</td></tr>
<tr><td>L4 固体废弃物</td></tr>
<tr><td>L5 排水：</td></tr>
<tr><td>L5.1 雨水排放</td></tr>
<tr><td>L5.2 生活污水排放</td></tr>
<tr><td>L6 对所在地和邻近住户的影响：</td></tr>
<tr><td>L6.1 在建造过程中，对所在地生态系统的影响</td></tr>
<tr><td>L6.2 高楼周边的风环境</td></tr>
<tr><td>L6.3 对邻近住户采光的影响</td></tr>
<tr><td>L6.4 对邻近住户冬季日照的影响</td></tr>
<tr><td>L6.5 建筑噪声对邻近住户的影响</td></tr>
<tr><td>L6.6 对湖水或地下蓄水层热利用的环境影响</td></tr>
<tr><td rowspan="9">（3）Q室内环境质量</td><td rowspan="9">20%</td><td>Q1 空气质量与流通状况：</td></tr>
<tr><td>Q1.1 湿度调节</td></tr>
<tr><td>Q1.2 污染物控制</td></tr>
<tr><td>Q1.3 通风与新风供给</td></tr>
<tr><td>Q2 温度与湿度：</td></tr>
<tr><td>Q2.1 住宅主要房间的温度</td></tr>
<tr><td>Q2.2 住宅主要房间的平均辐射温度</td></tr>
<tr><td>Q2.3 住宅主要房间的温度和相对湿度</td></tr>
<tr><td>Q2.4 住宅主要层面的空气流动</td></tr>
<tr><td rowspan="5">（4）服务质量</td><td rowspan="5">15%</td><td>建筑物的可改造性及对未来的适应性</td></tr>
<tr><td>设备控制系统</td></tr>
<tr><td>维护与管理</td></tr>
<tr><td>私密性与视觉景观</td></tr>
<tr><td>娱乐设施质量与公建配套</td></tr>
<tr><td rowspan="3">（5）全生命周期的经济评估</td><td rowspan="3">10%</td><td>建筑物全生命周期的总成本评估</td></tr>
<tr><td>建设成本评估</td></tr>
<tr><td>运行与维护成本评估</td></tr>
<tr><td>（6）管理</td><td>10%</td><td>主要是对建筑物在建设过程中的管理情况的评估，包括建设过程规划、设计、施工管理、建设文件的整理与归档、人员培训及售卖合同的制定等</td></tr>
</table>

资料来源：作者自绘

GBC 体系分成四个层次：环境性能问题、环境性能问题分类、环境性能标准、环境性能子标准。GBC 体系尊重不同区域、不同技术、不同建筑体系甚至不同文化价值的取向，允许用户制定各个部分的权重。GBC 体系的目标并非确定评估对象的认证等级，而是希望通过评估与比较，看到体系自身的优点、差距与继续努力的方向，从而鼓励和促进有关可持续发展建筑的各种有益的尝试和探讨，推动参与国自由使用和开发适用于本国或本地区的评估体系。

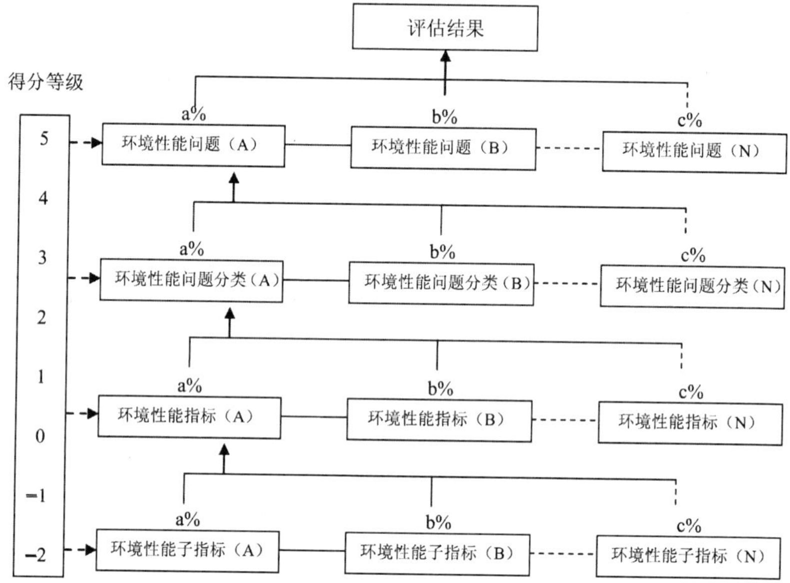

图4.10　GBC体系的结构组成示意

资料来源：http://www.macrobuild.com/sustain

4.3.2　评估案例

在 GBC 网站里可以发现日本研究人员提交的试评案例（图 4.11），该案例也出现在日本 CASBEE 体系的试评案例中。此案例的相关介绍详见 4.4.2 。

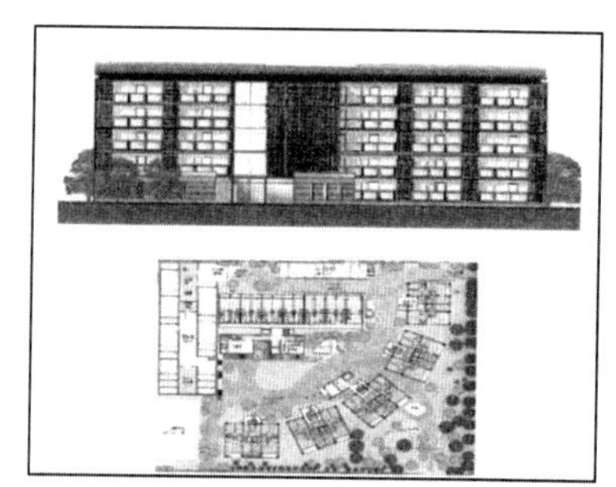

图4.11　向GBC体系的日本住宅案例

资料来源：http://greenbuilding.ca/gbc2k/teams/Japan/jpn-selection.htm

4.4 日本CASBEE体系的住宅版本

4.4.1 版本介绍

CASBEE 体系适用于评估多种类型的建筑。但与上面论及的三种评估体系不同，CASBEE 体系并不是多种类型版本的集合体，而是由注明适用类型的多条标准所构成。

CASBEE 体系由 Q、L 两大部分组成。Q 部分考虑“建筑用户的生活舒适性与方便性”，其中室外环境指标“含周边居住者在内的广义建筑用户”，服务性能指标要考核建筑物在长时间使用寿命中的性能（耐用性与更新性）。L 部分致力于减少建筑对于环境的影响，这个概念上与 BREEAM 体系、LEED 体系的主要目标相似。该部分包括三个一级指标：能源、资源材料、建筑用地外环境。其中，能源、资源材料这两项指标的权重较大。

CASBEE 体系的评估内容　　表 4.12

	一级指标	权重	内容
Q	Q-1室内环境	0.5	评估声环境、热环境、视觉环境、空气品质各方面的性能
	Q-2服务性能	0.35	评估功能性、耐用性、应对性/更新性方面的性能
	Q-3 室外环境（建筑用地内）	0.15	在建筑以及建筑用地内部规划方面，从以提高室外环境及其周边环境的质量与性能的观点出发进行评估，包括生物环境、街道排列与景观造型、考虑区域社会与区域文化、提高舒适性等方面
L	LR-1能源	0.5	包括建筑物的热负荷、自然能源利用、设备系统的高效率运行、高效运营
	LR-2资源材料	0.3	包括水资源保护、材料循环利用
	LR-3建筑用地外环境	0.2	评估因建筑物以及建筑用地区域所产生的环境负荷（大气污染、噪声、恶臭、风害、光害）对周边环境的影响程度

资料来源：作者自绘

日本CASBEE体系集合住宅版本的指标标准数量统计表　　表4.13

序号	一级指标	二级指标项	三级指标数项	初步设计阶段[a]		技术设计与竣工阶段	
				标准项	措施项	标准项	措施项
Q-1	室内环境	4	11	14	14	21	21
Q-2	服务性能	3	6	19	19	19	19
Q-3	室外环境（建筑用地内）	3	3	3	29	3	25
LR-1	能源	4	5	5	5	5	5
LR-2	资源材料	2	8	11	11	12	12
LR-3	建筑用地外环境	6	7	7	58	7	60
Q总计	3项	10	20	36	62	43	65
L总计	3项	12	20	23	74	24	77
合计	6项	22	40	59	136	67	142

a：日本一般的建筑设计流程：概念设计—方案设计—初步设计—技术设计。

资料来源：作者自绘

CASBEE体系共有三级指标，各级指标均设有权重。标准的基准分以百分率得分或是评分等级（共有五级评分等级）的形式给出。基准值通常是水平3（3分），满足最低条件（法律规定）时评为水平1（1分）。

CASBEE体系结果控制的对象是比值Q/L。在等级图中，横轴为L、纵轴为Q，Q/L即是斜率，如图4.12所示。

CASBEE体系的认证分为五级：S级（特优）、A级、B+级、B–级、C级（劣）。各级结果控制的范围比例依次为：1∶1.67∶1.33∶2∶2。Q/L比值愈大者，即在等级图中斜率愈大者，所获的评估等级越高。等级图中的红色圈选部分，如果仅考虑比值（斜率）似乎应划入S级。但实际上该部分属于A级，因为达到S级需要满足两项条件：不仅Q/L比值需要达到一定的数值，同时Q值还需要高于50%。该项规定说明体系的制定者非常重视控制S级中Q项的水平，这或许因为获得Q项的分值相对于L项更为容易一些。

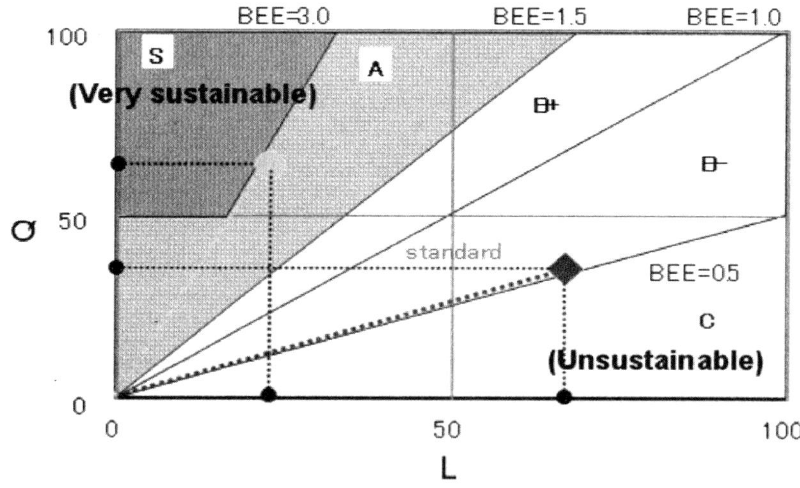

图4.12
CASBEE体系的结果控制示意
资料来源：根据筑能网的相关资料改绘

4.4.2 评估案例

于 2006 年竣工的日本千叶公寓住宅是一座 5 层住宅，占地 6811m^2，建筑面积 4811m^2，主要措施包括：采用了分散式建筑布局、三面开窗、户内栏间自然通风、百叶窗遮阳、屋顶绿化、高绝热性能的双层屋顶等措施在内的被动式节能方法；使用蓄冰、多功能热泵系统实现电力的有效利用，使用集中式热泵热水系统与排热回收，考虑楼板蓄热的吊顶冷辐射空调、热回收及 24 小时通风；构建生物群落，对原有树木进行保护与利用；选用高耐久性混凝土提高建筑使用寿命 [3]。

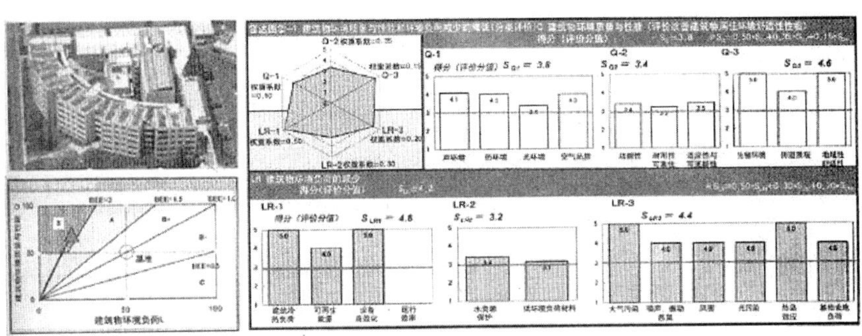

图4.13 CSBEE住宅评估案例

资料来源：日本可持续发展建筑协会编. 建筑物综合环境性能评价体系——绿色设计工具. 石文星译. 北京：中国建筑工业出版社，2005

4.5 住宅绿色评估体系作为描述模型所具备的特点

可持续的住宅乃至社区、住区，都是基于生态学原理，提倡人与自然的和谐，以生态技术为手段，高效使用资源和能源，营造自然、健康、舒适的人类聚居环境。最初国外学者对于生态社区的研究集中在建筑本身，20 世纪 90 年代后，学者们开始从城市空间角度研究社区的可持续发展问题。LEED 体系的发展与学科发展的动向相匹配。

这里对上述的四种国外典型住宅绿色评估体系进行比较分析，对比是各个评估体系的模型特点——目标、要素、结构与结果控制。

4.5.1 体系目标

生态家园体系与 LEED 体系、GBC 体系、CASBEE 体系住宅版本四者的目标不完全相同。生态家园体系的目标有三点：鼓励设计者更加重视环境问题，引导“对环境更加友好”的建筑需求，刺激环保建筑的市场；提高对环境有重大影响的建筑的认识并减少环境负担；改善室内环境，保障居住者的健康。减少建筑对环境的影响是生态家园体系的基本目标。LEED 体系的目标与生态家园体系较为相似。GBC 体系与生态家园体系、LEED 体系的目标相比，范围更大、内容更广。而 CASBEE 体系制定的是一个复合目标：用最小的环境代价换取最大的生活舒适性，体系富有创意、逻辑清晰的结构很好地诠释目标。

这四种住宅绿色评估体系，在目标与内容的一致性上，CASBEE 体系的表现是较为突出的。

生态家园体系与LEED体系、GBC体系与CASBEE体系住宅版本的目标比较　　表4.14

目标	Ecohomes	LEED	GBC	CASBEE
类型	单一目标	单一目标	复合目标	复合目标
内容	减少建筑对环境的影响	减少建筑对环境的影响	减少建筑对环境的影响； 考察建筑的经济性	减少建筑对环境的影响； 重视建筑提供的质量性能
描述方法	层级分解	层级分解	归类后层级分解	归类后层级分解

资料来源：作者自绘

4.5.2 内容要素

Ecohomes、LEED、GBC 与 CASBEE 的一级指标虽不是完全相同，但有些指标是极为相似的，主要是节约能源、节约材料、节约水、增强场地生态价值、减少污染以及增加舒适性这几大类的指标。体系对于相同问题的描述有一定差异，如 Ecohomes 将能源问题分为了能耗与交通两项指标，LEED 把能源问题与污染问题合为能源与大气环境一项指标，CASBEE 把水资源问题与材料资源问题划入了资源材料一项指标等等。表 4.15 中用红色部圈出了四种体系的共同点。

4.5.3 计权结构

Ecohomes、LEED、GBC 与 CASBEE 的结构构成具有各自鲜明的特点（表 4.16）。不过从 Ecohomes、LEED 以及 CASBEE 的指标标准的数量统计来看，3 者也具有一定的共同性（表 4.17）。它们的一级指标分别是 7 项、5 项和 6 项，而标准的数量是 23 项、34 项和 59 项 /67 项（初步设计阶段 / 技术设计与竣工阶段）。但如果只观察环境负荷相关部分，3 者的标准数量将非常接近，分别是 20 项、24 项与 23/24 项。

Ecohomes、LEED、GBC与CASBEE住宅版本的要素

（一级指标）比较　　　　表4.15

要素	Ecohomes	LEED	GBC[a]	CASBEE
一级指标	能耗	能源和大气环境	R1 能源的消耗	LR-1 能源
			L1 温室气体排放	LR-3 建筑用地外环境
			L2 破坏臭氧层物质的排放	
	污染		L3 酸化气体排放	
			L4 固体废弃物	
			L5 排水	
			L6 对所在地和临近住户的影响	
	材料	材料和资源	R4 建筑材料的消耗	LR-2 资源材料
			R5 3R材料的利用	
	水耗	节水	R3 饮用水的净消耗	
	健康与舒适性	室内环境质量	Q1空气质量与流通状况	Q-1室内环境
			Q2温度与湿度	
			R2 土地的利用与土地生态价值的变化	Q-3 室外环境（用地内）
	土地利用与生态交通	选择可持续发展的建筑场地	服务1 建筑物的可改造性及对未来的适应性	Q-2 服务性能
			服务2 设备控制系统	
			服务3 维护与管理	
			服务4 私密性与视觉景观	
			服务5 娱乐设施质量与公建配套	
			服务6 建筑物全生命周期的总成本评估	
			经济1 建筑物全生命周期的总成本评估	
			经济2 建设成本评估	
			经济3 运行与维护成本评估	
		符合LEED的创新得分 经过LEED认证的专业人员	管理1包括的整理与归档、人员培训等	

a：GBC中：R建筑物对资源的消耗，L环境负荷，Q室内环境质量

资料来源：作者自绘

Ecohomes、LEED 及 CASBEE 是目前发展最成熟、应用最成功的三种体系，它们在环境负荷的标准数量上的接近，也体现了一定的内在规律性。

Ecohomes、LEED、GBC与CASBEE住宅版本的结构方式比较　　表4.16

	Ecohomes	LEED	GBC	CASBEE
权重确定	AHP法	分析法	分析法	AHP法
量化方法	生态积分	计划结合ATHENA	—	建筑物的LCA指针
表达工具	计分表	计分表	GBTOOL	DfE

资料来源：作者自绘

Ecohomes、LEED、GBC与CASBEE住宅版本的指标标准数量统计　　表4.17

		Ecohomes	LEED	GBC	CASBEE	
					Q	L
指标分级级数		一级	一级	三级	三级	三级
	一级指标	7	7	23	3	3
	二级指标	—	—		10	12
	三级指标	—	—		20	20
项数	标准	23	34a		36/43	23/24
	措施	—	—	—	62/65	74/77

a：这里没有计入LEED的一票否决的7项标准

资料来源：作者自绘

4.5.4　评价结果控制

Ecohomes、LEED 以及 CASBEE 这三种体系对于最终的结果控制对象不同、表达方式也有差异，采用的都是分级控制的方法，具体的范围划分各不相同，但数量级较为接近，其中 CASBEE 的第一等级的比例最小，Ecohomes 的第一等级的比例最高。

Ecohomes、LEED、GBC与CASBEE住宅版本的结果控制比较　　表4.18

	Ecohomes	LEED	GBC	CASBEE
等级	5	5	—	5
内容	优秀，很好，好，通过，不通过	铂金认证，金质认证，银质认证，合格认证，不合格	—	S级，A级，B+级，B-级，C级
控制对象	百分率得分	总得分	—	Q/L比值
表达形式	直方图	得分表	—	等级图为主
范围（%）	30，20，12，12，36	26.1，18.8，8.7，10.2，36.2	—	12.5，20.8，16.7，25，25
比例	约为 2.5∶0.8∶1∶1∶3	约为 3∶2∶1∶1∶4	—	约为 1∶1.7∶1.3∶2∶2

资料来源：作者自绘

本文注释：

[1] LEED-ND 现已正式发布，是 LEED2009（LEEDV 3.0) 的重要组成。

[2] 陈易．当代发达国家可持续社区对中国的借鉴意义．北京：住区，2001（2)。

[3] 日本可持续建筑协会 编．建筑物综合环境性能评价体系——绿色设计工具．石文星译．北京：中国建筑工业出版社，2005。

第五章　建筑绿色评估体系与中国建筑业

5.1　建筑绿色评估体系在我国起步与发展

5.1.1　对国外建筑绿色评估体系的学习与借鉴

上述的国外四种评估体系，之所有对我国建筑绿色评估体系具有如此大的影响力，原因各不相同。BREEAM 体系是建筑绿色评估体系的先行者，影响历史较长；LEED 体系是建筑绿色评估体系中市场运行的成功典范，因此影响力较大；日本是我们的近邻，同时 CASBEE 创造了一种新颖的评估概念并具有明确的分阶段评估方法；而 GBC 本身就是一种立足于多国合作的建筑绿色评估体系。

四种评估体系对我国影响的具体范围也不完全相同。BREEAM 体系的影响集中在我国香港地区。LEED 体系和 CASBEE 体系则对我国大陆地区影响最大，两者的组织结构、具体的评估指标和最终评分方法成为大陆地区的许多建筑绿色评估体系的重要参考对象，我国不少评估体系都是在借鉴一方或综合借鉴两者的基础上结合国情本土化后完成的。LEED 体系除了在理论层面对我国的建筑绿色评估体系产生影响之外，在认证领域作为国际知名品牌也已经进入到我国房地产市场。而 GBC 体系虽有我国的参与，但较 LEED 体系、CASBEE 体系和 BREEAM 体系三者相比影响力较弱，不过它的开放系统和组织方法对我国的建筑评估环境体系也具有一定的启发作用（图 5.1）。

5.1.2　蓬勃发展的现状

我国的建筑绿色评估体系的发展势头非常迅猛，大陆、香港以及台湾地区在外国建筑绿色评估体系的影响之下纷纷开展了建筑绿色评估体系的研究。香港和台湾地区始于 20 世纪 90 年代末；大陆地区起步于 2001 年，经过近数年的研究，现在也已是成果斐然：不少评估体系已经涌现并得以应用，还有一些评估体系也在紧锣密鼓的研究之中，有望尽快出台（表 5.1）。

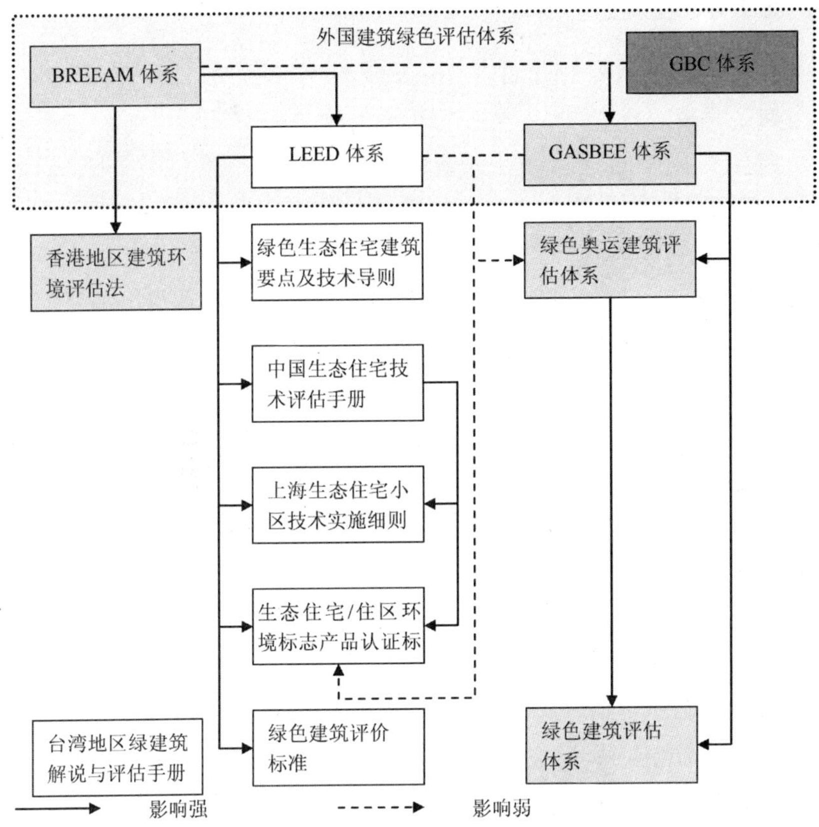

图5.1　国外建筑绿色评体系对我国影响的简要示意

资料来源：作者自绘

我国主要建筑绿色评估体系发展大事记　　　　表5.1

体系名称	第一版	最新版
香港地区 建筑环境评估法（HK-BREEAM）	1996年	1999年
台湾地区 绿建筑解说与评估手册	1999年	2003年
绿色生态住宅建筑要点及技术导则	2001年	—
中国生态住宅技术评估手册	2001年	2003年
绿色奥运建筑评估体系	2003年	—
上海市生态住宅小区技术实施细则	2004年	—
北京绿色建筑评价标准	2005年	—
生态住宅（住区）环境标志产品认证标准	2006年	—
绿色建筑评估体系	2006年（导则于2005年发布）	—
绿色建筑评价标准	2006年6月1日	—

资料来源：作者自绘

5.1.3 发展的主要特点

对我国的建筑绿色评估体系的发展现状综合总结，可以归纳出五个方面的特点：

第一，我国的建筑绿色评估体系多种形式并存，基于 LEED 体系和 BREEAM 体系的多种建筑绿色评估体系以及《绿建筑解说与评估》采用的都是树状分支的菜单式（checklist）的结构模式，而基于 CASBEE 的体系则采用了双指标综合型模式。这两种模式的评估体系在要素组成与结构形式上差异不大，但是结果控制上相差很大（表 5.2）。

第二，我国建筑绿色评估体系的适用地域范围多样，既有覆盖全国范围的评估体系，如《中国生态住宅技术评估手册》，也有类似 HK-BEAM 和《绿建筑解说与评估手册》这类地区性的建筑绿色评估体系（表 5.3）。

第三，我国建筑绿色评估体系所属机构多样，包括了政府机构、民间协会、研究机构以及联合模式。从表 5.4 中看来，我国的建筑绿色评估体系的所属机构以政府机构为主。在国外，政府较少直接出台绿色建筑的评估标准的（日本 CASBEE 除外），民间机构是评估体系的大力推动者。我国自 20 世纪 90 年代开始，各种民间绿色环保组织相继成立，上海、北京等地民间已成立了绿色建筑促进会，全国工商联房地产商会也是评估体系研究与推动中的一股重要力量。由此看来，民间机构或许在未来会对我国的建筑绿色评估体系的发展起到越来越重要的作用。

第四，我国若干建筑绿色评估体系的研究班底相似。这批评估体系主要包括：《绿色生态住宅建筑要点及技术导则》、《中国生态住宅技术评估手册》、《绿色奥运建筑评估体系》、《上海市生态住宅小区技术实施细则》、《北京绿色建筑评价标准》、《生态住宅（住区）环境标志产品认证标准》、《绿色建筑评估体系》等等。研究机构是建筑绿色评估体系的形式与组成的重要决定者，相似的研究机构相应带来评估体系一定程度的相似性。

第五，我国建筑绿色评估体系的应用对象，以住宅建筑或办公建筑居多，其中住宅所占比重更大（表 5.5），这与我国住宅业的迅猛发展不无关系。

中国建筑绿色评估体系的形式分类　　表 5.2

模式	体系名称
菜单模式	香港地区 建筑环境评估法（HK-BREEAM）
	台湾地区 绿建筑解说与评估手册
	中国生态住宅技术评估手册
	绿色生态住宅建筑要点及技术导则
	上海市生态住宅小区技术实施细则
	生态住宅（住区）环境标志产品认证标准
	绿色建筑评价标准
	上海世博会绿色建筑标准
综合模式	绿色奥运建筑评估体系
	北京绿色建筑评价标准
	绿色建筑评估体系

资料来源：作者自绘

中国建筑绿色评估体系的适用地域分类　　表 5.3

级别	体系名称
国家一级	绿色生态住宅建筑要点及技术导则
	中国生态住宅技术评估手册
	生态住宅（住区）环境标志产品认证标准
	绿色建筑评估体系
	绿色建筑评价标准
地区（市）一级	香港地区 建筑环境评估法（HK-BEAM）
	台湾地区 绿建筑解说与评估手册
	绿色奥运建筑评估体系
	上海世博会绿色建筑标准
	上海市生态住宅小区技术实施细则
	北京绿色建筑评价标准

资料来源：作者自绘

中国建筑绿色评估体系的所属机构　　表 5.4

机构类别	机构名称	评估体系
政府机构	建设部住宅产业化促进中心	绿色生态住宅建筑要点及技术导则
	建设部	绿色建筑评估体系
	建设部	绿色建筑评价标准
	北京市建设委员会	北京绿色建筑评价标准
	科技部和北京科委	绿色奥运建筑评估体系
	上海市房地资源局	上海市生态住宅小区技术实施细则
		上海世博会绿色建筑标准
	台湾地区内政部	绿建筑解说与评估手册
民间商业协会	全国工商联房地产商会	中国生态住宅技术评估手册
民间研究机构	香港理工大学	建筑环境评估法（HK-BREEAM）
机构联合	国家环保总局环境发展中心与全国工商联住宅产业商会	生态住宅（住区）环境标志产品认证标准

资料来源：作者自绘

中国建筑绿色评估体系的评估对象　　表 5.5

体系名称	评估对象
生态住宅（住区）环境标志产品认证标准	住宅/住区
中国生态住宅技术评估手册	住宅/住区
绿色生态住宅建筑要点及技术导则	住宅/住区
上海市生态住宅小区技术实施细则	住宅/住区
绿色建筑评价标准	公共建筑、住宅建筑
绿色建筑评估体系	公共建筑、住宅建筑
北京绿色建筑评价标准	公共建筑、住宅建筑
香港地区 建筑环境评估法（HK-BREEAM）	新建、已建办公楼，新建住宅
绿色奥运建筑评估体系	奥运建筑（包括奥运园区、体育场馆及配套建筑）
上海世博会绿色建筑标准	世博会相关的建筑类型
台湾地区 绿建筑解说与评估手册	泛指所有类型的建筑

资料来源：作者自绘

5.2 我国建筑绿色评估体系的两种主要模式

我国的建筑绿色评估体系主要包括两种模式：菜单式与综合式。这里选取了九种建筑绿色评估体系按模式与地区分为三大类按时间顺序依次介绍。考虑到建筑绿色评估体系涉及内容极为广泛，难以完全涵盖，因此选取了发展进程、主要特点、内容结构、认证授牌等这几个方面展开。

5.2.1 大陆地区菜单模式评估体系

（1）《绿色生态住宅建筑要点及技术导则》

2001 年，建设部通过了《绿色生态住宅小区建设要点与技术导则》（简称《导则》），首次明确提出“绿色生态小区”的概念、内涵和技术原则。

《绿色生态住宅小区建设要点与技术导则》评估内容　　表 5.6

序号	指标	标准内容	要求
1	能源系统	（1）新能源、绿色能源（如太阳能、风能、地热能废热资源等）的使用率达到小区总能耗	10%
		（2）建筑节能达到（北方采暖地区）	50%
		（3）其他节能措施节能达到	5%
2	水环境系统	（1）管道直饮水覆盖率	自选
		（2）污水处理达标排放率	100%
		（3）水回用达到整个小区用水量	30%
		（4）建立雨水收集与利用系统	√
		（5）小区绿化、景观、洗车、道路喷洒．公共卫生等用水使用中水或雨水	√
		（6）节水器具使用率应达到	100%
3	气环境系统	（1）小区内空气环境质量标准	二级
		（2）小区内限制使用对臭氧层产生破坏作用的CFC11类产品	√
		（3）住宅中有自然通风房间占	80%
4	声环境系统	（1）小区声环境：白天	≤50dB
		夜间	≤45dB
		（2）小区室内声环境：白天	<45 dB
		夜间	<40 dB

续表

序号	指标	标准内容	要求
5	光环境系统	（1）小区光环境：道路照明	15-20Lx
		住宅日照执行规范	GB50180-93
		（2）小区室内光环境	
		1）自然采光房间数	80%
		2）无光污染房间数	100%
		3）节能灯具使用率	100%
6	热环境系统	（1）绿色能源作为冷热源比例	10%
		（2）推广使用采暖、空调、生活热水三联供的热环境技术	√
7	绿化系统	（1）小区的绿化应与居住区的规划同步进行，有良好的生态及环境功能	√
		（2）小区绿地率	35%
		绿地本身的绿化率	70%
		（3）硬质景观中自然材料占工程量	20%
		（4）种植保存率（成活率）	≥98%
		优良率	≥90%
		（5）雨水应储蓄并加以利用，雨水储蓄率	√
		（6）垂直绿化面积达到绿化总面积的	20%
		（7）植物配置的丰实度：	
		1）乔木量：__株 / 100m^{2}绿地.	3
		2）立体或复层种植群落占绿地面积	≥20%
		3）植物种类：	
		•三北地木本植物种类	≥40种
		•华中、华东地区木本植物种类	≥50种
		•华南、华南地区木本植物种类	≥60种
8	废弃物管理与处置系统	（1）生活垃圾收集率	100%
		分类率	70%
		（2）生活垃圾收运密闭率	100%
		（3）生活垃圾处理与处置率	100%
		（4）生活垃圾回收利用率	50%
9	绿色建筑材料系统	（1）墙体材料中3R材料的使用量应占所有材料的	30%
		（2）小区建设中不得使用对人体健康有害的建筑材料或产品	√
		（3）建筑物拆除时，所有材料的总回收率达到	40%

资料来源：什么是绿色生态住宅小区．住区．北京：中国建筑工业出版社，2001（2）

《导则》的目标是：以科技为先导，以促进住宅生态环境建设及提高住宅产业化水平为总体目标，以住宅小区为载体，全面提高住宅小区节能、节水、节地、治污总体水平，带动相关产业发展，实现社会、经济、环境效益的统一[1]。它包括了九项指标（表5.6），其中绿化系统中植物配置丰实度的指标设置突破了单纯控制绿化率的模式。《导则》分类简洁，形式类似于规范的集合，并不涉及全生命周期与分阶段评估的概念。《导则》中指标与标准之间没有复杂的权重关系，标准里定性与定量参数混合，定量参数几乎都由百分数控制。

（2）《中国生态住宅技术评估手册》

《中国生态住宅技术评估手册》第一版在2001年发布，并于2002、2003年两度更新。《中国生态住宅技术评估手册（2003版）》（简称《手册 2003》）以促进住宅小区节约资源（节能、节材、节水、节地）及防止环境污染为基本目标，提出了全生命周期与分阶段评估的概念。《手册 2003》包括必备条件、评估体系和评分标准。必备条件包含若干一次否决相关项，评估体系用于指导规划、设计及建设，而评分标准用于评估。评估分为规划设计（表 5.7）和验收与运行管理两个阶段。两个阶段评估是在通过必备条件审核之后，对五个一级指标（住区环境规划设计、能源与环境、室内环境质量、住区水环境、材料与资源）计分求和。五个指标总分相同，不设权重，其下标准采用直接打分的方法。《手册 2003》加强了对技术参数的研究，如对常规能源系统优化利用的衡量采用能量转换效率 ECC（Energy Conversion Cofficient）和输配系数 TDC（Transportation and Distribution Coefficient），对改善住区微环境采用夏季典型日的日平均热岛强度和湿球黑球温度等等。

《手册 2003》具体分为项目评估、阶段评估和单项评估三种（表 5.9）：单项评估中各个一级指标满分均为 100 分；阶段评估为五个一级指标得分之和，满分 500 分；项目评估为两个阶段总分之和，为 1000 分。

《手册 2003》的结果控制对象是一级指标总得分。由于《手册 2003》采用的是达标控制，所以范围划分只有达标与不达标两个部分。以设计阶段为例，依据要求可推断出的达标控制通过概率约在 1% 到 5% 左右。

《手册 2003》是由全国工商联住宅产业商会和太平洋经济合作全国委员会（PECC）中国工商委员会联合建立的“亚太村国际生态住宅”品牌以及“全国绿色生态住宅示范项目”品牌实施的评估依据。自 2001 年到 2006 年，国内有 19 个住区纳入到“全国绿色生态住宅示范项目”品牌之中（图 5.2、图 5.3）。

《中国生态住宅技术评估手册（2003 版）》规划设计阶段评分标准　　表 5.7

一级指标	满分	二级指标	满分	比重
1 住区环境规划设计	100	区位选择	34	0.34
		住区交通	10	0.10
		住区绿化	15	0.15
		住区空气质量	10	0.10
		降低噪声污染	6	0.06
		日照与采光	7	0.07
		改善住区微环境	18	0.18
2 能源与环境	100	建筑主体节能	45	0.45
		常规能源系统优化	35	0.35
		可再生能源	10	0.10
		能源对环境影响	10	0.10
3 室内环境质量	100	室内空气质量	38	0.38
		室内热环境	12	0.12
		室内光环境	20	0.20
		室内声环境	30	0.30

续表

一级指标	满分	二级指标	满分	比重
4 住区水环境	100	用水规划	22	0.22
		给排水系统	18	0.18
		污水处理回用	24	0.24
		雨水利用	11	0.11
		绿化景观用水	25	0.25
5 材料与资源	100	使用绿色建材	30	0.30
		就地取材	10	0.10
		资源再利用	15	0.15
		住宅室内装修	20	0.20
		垃圾处理	25	0.25

资料来源：作者自绘

《中国生态住宅技术评估手册（2003 版）》规划设计阶段指标标准数量统计　表 5.8

序号	一级指标	二级指标	三级指标	标准
1	住区环境规划设计	7	7	36
2	能源与环境	4	7	14
3	室内环境质量	5	5	25～26
4	住区水环境	6	13	51
5	材料与资源	5	7	24
共计（项）	5	27	39	150～151

资料来源：作者自绘

《中国生态住宅技术评估手册（2003 版）》评分方法与得分要求　　表 5.9

分 类	内 容	单项得分要求（分）	阶段得分要求（分）	项目得分要求（分）
项目评估	包括各子项、各阶段的全程评估	≥60	≥300	≥600
阶段评估	对阶段各子项内容的全面评估	≥60	≥300	—
单项评估	子项内容的全面评价	≥70	—	—

资料来源：作者自绘

图5.2　全国绿色生态住宅示范项目

资料来源：www.chinahouse.info

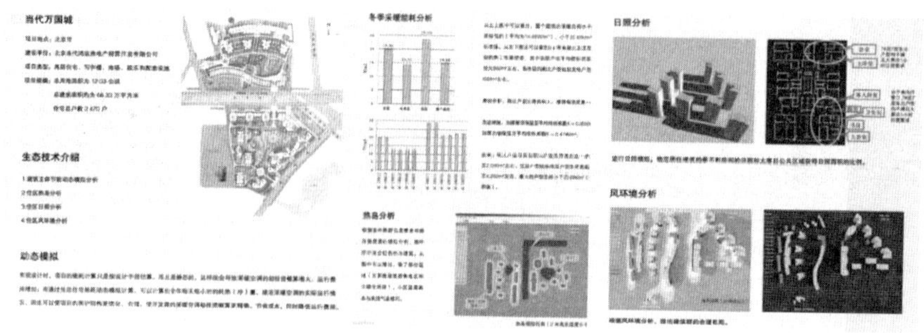

图5.3　全国绿色生态住宅示范项目

资料来源：www.chinahouse.info

（3）《上海市生态住宅小区技术实施细则》

2004 年，上海市房地资源管理局组织市建筑科学研究院及其他专家，在《手册 2003》、LEED 等体系基础上，制定了《上海市生态型住宅小区技术实施细则》（简称《细则》）。《细则》不包含分阶段评估的概念，适用于上海市建筑面积在 5 万平方米以上的新建住宅小区。

《上海市生态住宅小区技术实施细则》的 6 项指标与指标得分　　表 5.10

一级指标	基本满分（分）	附加满分（分）	总分（分）
1 小区环境规划设计	50	70	120
2 建筑节能	30	50	80
3 室内环境质量	40	60	100
4 小区水环境	40	60	100
5 材料与资源	30	35	65
6 固体废弃物收集与管理系统	10	25	35
合计（分）	200	300	500

资料来源：作者自绘

《细则》包括六个一级指标，与《手册 2003》相比，从材料与资源中独立了固体废弃物收集与管理系统一项指标。《细则》的二级指标与标准内容与《手册 2003》略有不同，主要体现在节能此项指标上，没有采用关键性的技术参数，而是通过当地规范相关条文控制与百分数形式来描述。

《细则》的六项指标依比重高低依次是：环境规划设计、室内环境质量、小区水环境、建筑节能、材料与资源与固体废弃物收集与管理系统。每项指标都由基本分与附加分组成（表 5.10），总分共计为 500 分，其中基本分占 200 分。基本分为一票否决项，相当于《手册 3003》里必备条件的分数化。不过，从图 5.4 中可以发现，基本分与附加分的比重组成不完全一致，两套比重方式不仅对总分比重分布造成影响，而且使得整套体系的结构关系不够清晰。

《细则》评分认证分为三个等级：三级要求 300 ≤得分＜ 350；二级要求 350 ≤得分＜ 400；一级要求得分≥ 400。控制对象为总得分，控制范围如图 5.5 所示。《细则》对每项指标得分没有要求，一级认证的范围所占比例较大。

《细则》的评估流程由政府部门完成，最终由市住宅局与市环保局共同授予铭牌[2]。截止到2006年，万科朗润园、安亭新镇、中房森林别墅、祥和星宇、漕河景苑共五个住区入围评估。

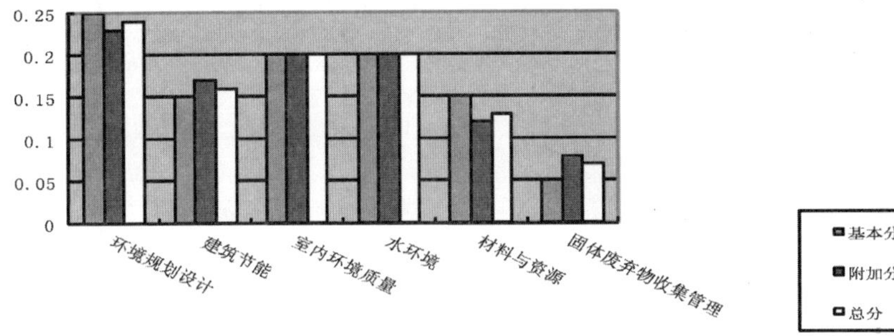

图5.4 《上海市生态住宅小区技术实施细则》一级指标的比重关系

资料来源：作者自绘

《上海市生态住宅小区技术实施细则》附加分内容　　表5.11

一级指标	满分	二级指标	满分	比重
1 小区环境规划设计	70	小区区位选择	16	0.23
		小区交通	6	0.09
		规划有利施工	4	0.06
		小区绿化	23	0.33
		小区空气质量	3	0.04
		降低噪声污染	6	0.09
		日照与采光	4	0.06
		改善住区微环境	8	0.11
2 建筑节能	50	建筑主体节能	12	0.24
		照明节能	5	0.10
		可再生能源	20	0.40
		能源对环境影响	13	0.26
3 室内环境质量	60	室内空气质量	28	0.47
		室内热环境	4	0.07
		室内光环境	12	0.20
		室内声环境	16	0.26
4 小区水环境	60	用水规划	13	0.22
		雨水利用	12	0.20
		分质供水	8	0.13
		中水利用	8	0.13
		绿化景观用水	15	0.25
		节水器皿	4	0.07
5 材料与资源	35	使用绿色建材	16	0.46
		资源再利用	7	0.2
		住宅室内装修	12	0.34
6 固体废弃物收集与管理系统及评估	25	建设阶段固体废物收集与管理	9	0.36
		使用阶段固体废物收集与管理	16	0.64

资料来源：作者自绘

图5.5 《上海市生态住宅小区技术实施细则》认证分级范围
资料来源：作者自绘

图5.6 上海万科朗润园
资料来源：作者自摄

图5.7 上海安亭新镇
资料来源：作者自摄

（4）《生态住宅（住区）环境标志产品认证标准》

2005年，国家环保总局环境发展中心与全国工商联住宅产业商会等组织成立"中国环境标志生态住宅示范项目"认证专家组，制定了《生态住宅（住区）环境标志产品认证标准》（简称《住宅标准》）。

《生态住宅（住区）环境标志产品认证标准》规划设计阶段的评估内容 表 5.12

一级指标	权重	二级指标	权重
1 场地环境规划设计要求	1.00	选址与规划	0.35
		住区交通	0.10
		住区绿化	0.15
		住区物理环境	0.40
2 节能与能源利用要求	1.00	建筑主体节能	0.45
		常规能源系统优化	0.35
		可再生能源	0.10
		能源对环境影响	0.10
3 室内环境质量要求	1.00	室内空气质量	0.20
		室内热环境	0.30
		日照与室内光环境	0.20
		室内声环境	0.30
4 住区水环境要求	1.00	用水规划	0.22
		给排水系统	0.18
		污水处理与再生水利用	0.24
		雨水利用	0.11
		绿化景观用水	0.25
5 材料与资源	1.00	建筑材料	0.35
		就地取材	0.10
		资源再利用	0.15
		住宅室内装修	0.10
		垃圾处理	0.30

资料来源：作者自绘

与《手册 2003》相似的是，《住宅标准》的宗旨是在保护生态环境和节约各类资源的基础上，在住宅全生命的各个环节（如材料生产及运输、建造、使用、维修、改造、拆除等）体现 3 大主题：节约资源、减少污染；创造健康、舒适的居住环境；与周围生态环境相融合。其评估也分为规划设计阶段评估和验收阶段评估两个部分，后两者主要包括场地环境规划设计、节能与能源利用、室内环境质量、住区水环境、材料与资源 5 个一级指标（表 5.12），内容基本一致，一级指标也不设权重。

与《手册 2003》不同的是，《住宅标准》简化了标准的规模（表 5.13），采用了权重形式替代《手册 2003》比重形式，出现了百分率得分的计分方法。此外，《住宅标准》的部分技术参数进行了适应性改进。例如，常规能源系统优化利用中虽然仍采用能量转换效率 ECC 指标，但需要与当地的平均值做比较，融入了地区特点。《住宅标准》与法规规范的衔接也更加紧密，详细地列出需要参考的我国各类规范性引用文件。与 LEED 相似，《住宅标准》在规定内容评分基础上增加创新评分，占总分的 10%。

通过《生态住宅标准》评估，将获得中国环境标志（表 5.14）。国家环保总局环境认证中心 2005 年 9 月起在全国不同地区选择《生态住宅标准》的验证项目（表 5.15），首家示范项目——上海经纬城市绿洲目前已经正式启动。

《生态住宅（住区）环境标志产品认证标准》规划设计阶段的指标标准数量统计　　表 5.13

序号	一级指标	二级指标	三级指标	标准	措施
1	场地环境规划设计要求	4	11	29	78
2	节能与能源利用要求	4	10	10	10
3	室内环境质量要求	4	6	18～19	28～30
4	住区水环境要求	5	8	16	52
5	材料与资源	5	5	9	25
共计（项）	5	22	40	82～83	193～195

资料来源：作者自绘

中国环境标志认证要求　　表 5.14

必备条件	5个一级指标	每阶段的得分总和
必须全部满足	必须达到单项满分的60%	必须至少达到阶段得分的70%

资料来源：作者自绘

《生态住宅（住区）环境标志产品认证标准》示范项目的选择原则　　表 5.15

地区分布	首批示范项目拟选择12项，应处于不同的气候分区，严寒和寒冷地区4项、夏热冬冷地区4项、夏热冬暖地区2项、温和地区2项。
规模	大城市的生态住宅项目的建筑面积不宜小于10万平方米，中小城市不宜小于8万平方米，小城镇不宜小于5万平方米。
分阶段认证	生态住宅示范项目分为规划设计和验收两个阶段认证。规划设计阶段拟选择9个示范项目，验收阶段选择3个示范项目。
	规划设计阶段项目从规划开始直到施工图设计前，提供生态住宅技术支持与服务，并对项目的规划设计方案进行认证。
	验收阶段的项目即竣工验收后的项目，可以是部分竣工的项目。经过检测及现场检查后，对符合标准要求的示范项目，由国家环保总局环境认证中心颁发中国环境标志生态住宅认证证书。

资料来源：作者自绘

图5.8 上海经纬城市绿洲示范项目

资料来源：http://sh.focus.cn/votehouse/909.html（上海房地产网）

（5）《绿色建筑评价标准》

《绿色建筑评价标准》[3] 中对绿色建筑的定义是“在建筑的全寿命周期内，最大限度地节约资源（节能、节地、节水、节材）、保护环境和减少污染，为人们提供健康、适用和高效的使用空间，与自然和谐共生的建筑”。它立足突出“四节一环保”要求，体现过程控制。

《建筑评价标准》用于评估住宅建筑和办公建筑、商场、宾馆等公共建筑。对住宅建筑，原则上以住区为对象，也可以单栋住宅为对象，评估在其投入使用一年后进行。标准中定性条款的评价结论为通过或不通过；对有多项要求的条款，各项要求均满足要求时方能评为通过。定量条款的要求由具有资质的第三方机构认定。它由六项指标组成：节地与室外环境；节能与能源利用；节水与水资源利用；节材与材料资源利用；室内环境质量；运营管理（住宅建筑）或全生命周期综合性能（公共建筑）。各大指标中的具体指标分为控制项、一般项和优选项三类。其中，控制项为评估的必备条款；优选项主要指实现难度较大、指标要求较高的项目。对同一对象，可根据需要和可能分别提出对应于控制项、一般项和优选项的指标要求。

《绿色建筑评价标准》的评估采用三星的分级评价，按照控制项、一般项和优选项的完成项数加以约束。这种评估方式比较简便、利于操作，对于我国建筑绿色评估体系的评估方式发展是一种促进。

《绿色建筑评价标准》指标标准数量统计（住宅建筑）　　表5.16

	一级指标					
	节地与室外环境	节能与能源利用	节水与水资源利用	节材与材料资源利用	室内环境质量	运营管理
控制项（25项）	4	3	5	2	5	6
一般项（41项）	9	6	7	6	5	8
优选项（6项）	1	2	1	1	—	1
总计	14	11	13	9	10	15

资料来源：作者自绘

《绿色建筑评价标准》划分等级的项数要求（住宅建筑）　表 5.17

等级	一般项数						优选项数（6）
	节地与室外环境（9）	节能与能源利用（6）	节水与水资源利用（7）	节材与材料资源利用（6）	室内环境质量（5）	运营管理（8）	
★	4	2	3	3	2	5	—
★★	6	3	4	4	3	6	2
★★★	7	4	6	5	4	7	4

资料来源：筑能网，2006

5.2.2 大陆地区综合模式评估体系

大陆地区综合模式的评估体系多数是在 CASBEE 影响下形成。

（1）《绿色奥运建筑评估体系》

《绿色奥运建筑评估体系》（GBCAS，简称《绿色奥运》）是国家科技攻关项目，科技部科技奥运十大专项之一。它由清华大学、北京市可持续发展促进中心、北京城建技术开发中心、中国建筑科学研究院、北京市建筑设计研究院、中国建筑材料科学研究院、北京市环境保护科学院、全国工商联住宅产业商会、北京工业大学多家单位联合研究，经 14 个月于 2003 年 8 月推出第一版。

《绿色奥运》将评估体系分为四个阶段：规划阶段、设计阶段、施工阶段和验收与运行管理阶段。只有在前一阶段达到基本要求后，才能继续进行下一阶段的设计、施工工作。当各个阶段都达到要求，整个项目达标。

各个阶段的评估指标分为 Q（Quality，质量）和 L（Load，环境负荷）两大类。在考察建筑的 L 类指标时，没有直接采用 L 而是转化为 LR（Load Reduction，建筑环境负荷的减少）来评估，即“建筑的环境负荷降低得越多，得分越高”。

《绿色奥运》的结果控制采用等级图法，A 区是付出很少的资源能源和环境获得优秀建筑服务质量的建筑；B 区、C 区也属于可持续发展建筑，但付出较大资源与环境消耗或获得较低建筑质量；D 区是以高资源、能源消耗获得不高的建筑质量；E 区指付出极大资源能源和环境代价获得低劣的建筑质量的建筑。

《绿色奥运建筑评估体系》评估主要内容　　表 5.18

阶段	Q/L	一级评估指标	权重
第一阶段：规划阶段	Q建筑环境质量与服务评价	Q1场地质量	0.15
		Q2提供的服务与功能	0.45
		Q3室外物理环境	0.40
	LR环境负荷和资源消耗	LR1项目实施的必要性	0.10
		LR2对周边环境的影响	0.30
		LR3能源消耗	0.35
		LR4材料与资源	0.10
		LR5水资源	0.15
第二阶段：设计阶段	Q建筑环境质量与服务评价	Q1室外环境质量	0.10
		Q2室内物理环境	0.30
		Q3室内空气质量	0.35
		Q4服务与功能	0.25
	LR环境负荷和资源消耗	LR1对周边环境的影响	0.05
		LR2大气污染	0.10
		LR3能源消耗	0.40
		LR4材料与资源	0.30
		LR5水资源	0.15

续表

阶段	Q/L	一级评估指标	权重
第三阶段：施工过程阶段	Q人员安全与健康	Q1人员安全与健康	1.00
	LR环境负荷与资源消耗	LR1施工过程环境影响	0.55
		LR2能源消耗	0.15
		LR3材料与资源	0.20
		LR4水资源	0.10
第四阶段：验收与运行管理阶段	Q建筑环境质量与服务评价	Q1室外环境质量	0.10
		Q2室内物理环境	0.20
		Q3室内空气质量	0.15
		Q4服务与功能	0.20
		Q5绿色管理	0.35
	LR环境负荷与资源消耗	LR1对周边环境影响	0.10
		LR2能源消耗	0.30
		LR3水资源	0.15
		LR4绿色管理	0.45

资料来源：作者自绘

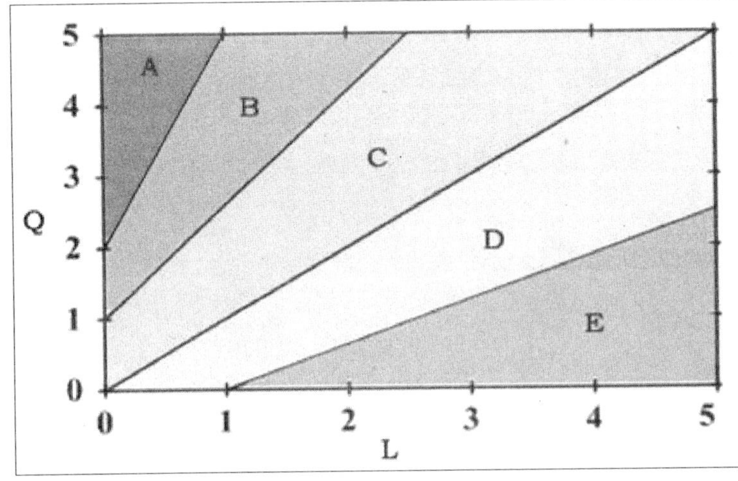

图5.9《绿色奥运建筑评估体系》结果控制示意

资料来源：绿色奥运建筑课题组．绿色奥运建筑评估体系．北京：中国建筑工业出版社，2003

（2）《绿色建筑评估体系》

《绿色建筑评估体系》（简称《建筑评估体系》）是国家"十五"重点攻关计划的"绿色建筑规划设计导则导则和评估体系研究"的重要组成部分。课题组在2006年2月底进行了中期汇报，目前已推出了针对建筑师使用的自评版本。

与《绿色奥运》相似的是，《建筑评估体系》也采用分阶段评估的方式，各个阶段的评估指标也分为Q和L两类，也使用LR来评估，结果控制的也采用等级图的方法。与《绿色奥运》不同的是，《建筑评估体系》的一级指标分类出现了比较大的变化，增加了土地资源此项指标，将大气污染、对周边环境的影响两项指标以及材料对环境的污染合并为对环境的影响一项指标。《建筑评估体系》的一、二级指标的权重由专家打分决定，标准项不设权重。《建筑评估体系》包含大量技术参数，如能源评估采用能质系数等等。

《建筑评估体系》的结果控制也采用等级图法，也分五个区。不过与《绿色奥运》的结果控制相比，《建筑评估体系》的横轴由 L 换成了 LR，数值的标注从 5 到 0。此外，结果控制的范围也更为严格，B 区、C 区所占范围都有不同程度的减少；而 D 区的范围则增加了。

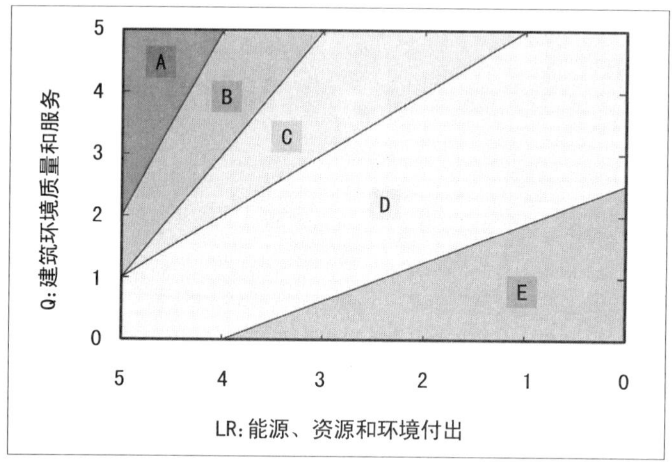

图5.10
《绿色建筑评估体系》结果控制示意
资料来源："绿色建筑导则与绿色建筑评估体系"课题组提供

《绿色建筑评估体系》住宅版本的设计阶段指标标准数量统计　　表 5.19

序号	个数（项）			
	一级指标	二级指标	标准	措施
Q1	室外物理环境	6	8	33
Q2	室内物理环境质量	4	11	29
Q3	提供的服务与功能	2	4	13
LR1	能源	3	9	13
LR2	材料资源	3	3	3
LR3	土地资源	4	4	5
LR4	水资源	3	3	5
LR5	对环境的影响	2	6	31
Q共计（个）	3	12	23	75
LR共计（个）	5	15	25	67
共计（个）	8	27	48	142

资料来源：作者自绘

《绿色建筑评估体系》住宅版本的设计阶段的评估内容　　表 5.20

一级指标Q/L	权重	二级指标	权重
Q1 室外物理环境	0.3	Q1-1 场地设计	0.17
		Q1-2 室外光环境	0.15
		Q1-3 室外风环境	0.17
		Q1-4 室外声环境	0.17
		Q1-5 室外热环境	0.17
		Q1-6 绿化和园林设计	0.17
Q2 室内物理环境质量	0.4	Q2-1 声环境	0.2
		Q2-2 光环境	0.2
		Q2-3 热环境	0.2
		Q2-4 室内空气品质	0.4
Q3 提供的服务与功能	0.3	Q3-1 建筑耐久性与适应性	0.6
		Q3-2 垃圾处理	0.4

续表

一级指标Q/L	权重	二级指标	权重
LR1 能源	0.3	LR1-1 建筑主体节能	0.35
		LR1-2 提高能源利用效率	0.25
		LR1-4 其他能源系统	0.25
		LR1-3 可再生能源利用	0.15
LR2 材料资源	0.2	LR2-1 建材的资源消耗量	0.35
		LR2-2 建材的能源消耗量	0.35
		LR2-3 建材本地化	0.3
LR3 土地资源	0.1	LR3-1 容积率控制	0.3
		LR3-2 合理开发地下空间	0.25
		LR3-3 节地设计	0.25
		LR3-4 人均用地面积控制	0.2
LR4 水资源	0.2	LR4-1 水系统规划与设计	0.3
		LR4-2 节水率	0.35
		LR4-3 中水、雨水	0.35
LR5 对环境的影响	0.2	LR5-1 对周边环境的影响	0.5
		LR5-2 对大气环境的影响	0.5

资料来源："绿色建筑导则与绿色建筑评估体系"课题组提供

5.2.3 香港与台湾地区的建筑绿色评估体系

（1）《香港地区建筑环境评估法（HK-BEAM）》

由香港理工大学于1996年制定的《香港建筑环境评估标准》（the Hong Kong Building Environmental Assessment Method, HK-BEAM体系）在借鉴英国BREEAM体系主要框架的基础上，主要针对新建和已使用的办公、住宅建筑的评估体系。

该体系重视评估建筑的整体环境性能表现。在1999年更新版本里增添了高层住宅分册；2003年在吸取近年来绿色建筑实践推广和技术进步的基础上，制定了最新的《新建建筑发展4/03版》和《已使用建筑发展5/03版》，其中对建筑环境性能的评价归纳为场地、材料、能源、水资源、室内环境质量、创新与性能改进六大评估方面。

HK-BEAM体系的目标是用合理的成本、使用最好的、可行的技术以减少新建建筑对环境的冲击。体系包括15个评估指标，87个标准；涵盖了全球、本地和室内3个环境课题；评分分为4级：优秀(70%或更高)，很好（60%到70%），良好（45%到60%），符合要求（30%到45%）。评估对象包括：现有办公楼建筑、建办公楼设计和新建住宅。HK-BEAM体系可以在规划、设计及施工的任何阶段对建筑进行评估。到2002年3月，HK-BEAM体系已经评估了47栋建筑（15栋住宅，20处原有办公室，12处新办公建筑）。

香港HK-BEAM体系与英国BREEAM体系相比，主要参数的单位换为耗电量（kWh）或是CO_2排放量（kg），而且HK-BEAM体系并不提倡新建建筑物的设计要满足所有的需求。体系的最为注重的是建筑设计中对于建筑可持续发展的考虑程度，而非建筑对地球环境冲击程度的量化过程。与 BREEAM 体系相同，HK-BEAM 体系也包括三方面。一是全球环境问题和资源使用，包括：整体环境问题、能源采购政策、能源管理程序、电能消耗、臭氧减少物质、循环使用材料的设施；二是地区问题，包括：电力最大需求、水资源保存、冷却塔细菌、建筑物噪声、交通和步行通道、服务及废弃物处理的车辆通道、建筑物维修；三是室内环境问题，包括：建筑物设备系统运行和维护、计量和检测设备、生物污染、室内空气质量、矿物纤维、放射性元素氡。

（2）《绿建筑解说与评估手册》

台湾地区建筑研究所《绿建筑解说与评估手册》作为本土化的评估体系，以台湾亚热带气候研究为基础。它自 1999 年问世之后，分别于 2001 年、2003 年进行了更新，从七项指标扩充为九项指标（表 5.21）。

《绿建筑解说与评估手册》最大的特点是重视节能与本土气候特征。评估体系的设计人认为，大多数建筑绿色评估体系起源于温、寒带发达国家的设计理念，这些体系中的许多设计技术并不全部适用于热带、亚热带国家[4]，而以保温、蓄热为主的暖房节能对策更不适用于热湿气候，因此需要建立一套适用于台湾气候的建筑环境评估系统，作为改造、建设与衡量的指标，用于改善环境问题。

《绿建筑解说与评估手册》中对于“绿建筑”的定义为：生态、节能、减废、健康的建筑。2003 年更新的九大评估指标分别为：生物多样性、绿化量、基地保水、日常节能、CO_2 减量、废弃物减量、室内环境、水资源及污水垃圾改善，并将之归纳在绿建筑的四个方面之下，整套体系虽然内容非常简单，但概念清晰、结构明确，各个指标之间以一定的逻辑关系相联系。

“绿建筑”九大评估指标、排序与地球环境关系　　表5. 21

指标名称		与地球环境关系						排序关系		
		气候	水	土壤	生物	能源	资材	尺度	空间	操作次序
生态	1 生物多样性指标	*	*	*	*			大	外	先
	2 绿化量指标	*	*	*	*			↑	↑	↑
	3 基地保水指针	*	*	*	*			|	|	|
节能	4 日常节能指标	*				*		|	|	|
减废	5 CO_2减量指标			*		*	*	|	|	|
	6 废弃物减量指标			*			*	|	|	|
健康	7 室内环境指标			*				|	|	|
	8 水资源指标	*	*					↓	↓	↓
	9 污水垃圾改善指标		*		*		*	小	内	后

资料来源：http://www.delta-foundation.org.tw/programs_evironment_01.asp

5.3 我国建筑绿色评估体系的模型特点

了解了我国建筑绿色评估体系的发展全貌后，选择四种影响力较广的建筑绿色评估体系进行分析比较，分别是：《中国生态住宅技术评估手册（2003 版）》、《生态住宅（住区）环境标志产品认证标准》、《绿色建筑评价标准》与《绿色建筑评估体系》。研究以前两者为主、后两者为辅，比较的对象是评估体系组成的四大部分。

5.3.1 体系目标

四种住宅绿色评估体系的目标比较　　表 5.22

	《中国生态住宅技术评估手册（2003版）》	《生态住宅（住区）环境标志产品认证标准》	《绿色建筑评价标准》	《绿色建筑评估体系》
类型	复合目标	复合目标	复合目标	复合目标
内容	四节一环保的要求			
方式	叠加	叠加	叠加	综合

资料来源：作者自绘

《中国生态住宅技术评估手册（2003 版）》、《生态住宅（住区）环境标志产品认证标准》、《绿色建筑评价标准》与《绿色建筑评估体系》的目标都是从“四节一环保”出发，但是对于目标的表达方法却有差异：前三者是将多重目标叠加在一起，《绿色建筑评估体系》则是采用了与日本 CASBEE 体系相类似的综合方式。

5.3.2 内容要素

《中国生态住宅技术评估手册（2003 版）》、《生态住宅（住区）环境标志产品认证标准》、《绿色建筑评价标准》与《绿色建筑评估体系》的一级指标分类既有相似之处，也存在着一定差异。从表 5.23 中可以看到各个评估体系的特色：《生态住宅（住区）环境标志产品认证标准》设置了创新加分项；《绿色建筑评价标准》设置了运营管理一项；《绿色建筑评估体系》的 Q 部分出现了服务与功能一项，LR 部分与“四节一环保”的目标高度吻合。

观察四种住宅绿色评估体系设计阶段的标准设置，可以发现，标准的内容设置侧重于结果控制而非过程控制，这说明目前的住宅绿色评估体系设计阶段的标准更重视对结果的检验，而对过程的引导则较为弱化。强调新技术与新材料的使用，但是涉及被动式设计手法的标准项却较少。

四种住宅绿色评估体系设计阶段的要素（一级指标）比较　　表 5.23

	《中国生态住宅技术评估手册（2003版）》	《生态住宅（住区）环境标志产品认证标准》	《绿色建筑评价标准》	《绿色建筑评估体系》
一级指标	1 住区环境规划设计	1 场地环境规划设计	1 节地与室外环境	Q1 室外环境质量
	2 能源与环境	2 节能与能源	2 节能与能源利用	Q2 室内物理环境质量
	3 室内环境质量	3 室内环境质量	3 节水与水资源利用	Q3 提供的服务与功能
	4 住区水环境	4 住区水环境	4 节材与材料资源利用	LR1 能源
	5 材料与资源	5 材料与资源的附加分项	5 室内环境质量	LR2 材料资源
			6 运营管理	LR3 土地资源
				LR4 水资源
				LR5 对环境的影响

资料来源：作者自绘

5.3.3 计权结构

《中国生态住宅技术评估手册（2003 版）》、《生态住宅（住区）环境标志产品认证标准》、《绿色建筑评价标准》与《绿色建筑评估体系》这四种住宅绿色评估体系的结构各具特点（表 5.24）。其中，《绿色建筑评价标准》的不设权重，结构最为简单。

四种住宅绿色评估体系的结构方式比较　　表 5.24

	《中国生态住宅技术评估手册（2003版）》	《生态住宅（住区）环境标志产品认证标准》	《绿色建筑评价标准》	《绿色建筑评估体系》
比重/权重确定方法	专家法	专家法	无	专家法
表达工具	计分表	—	—	相关辅助软件

资料来源：作者自绘

四种住宅绿色评估体系设计阶段的指标标准数量统计　　表 5.25

		《中国生态住宅技术评估手册（2003版）》	《生态住宅（住区）环境标志产品认证标准》	《绿色建筑评价标准》	《绿色建筑评估体系》	
					Q	L
指标分级级数		三级	三级	一级	两级	两级
项数	一级指标	5	5	6	3	5
	二级指标	27	22	—	12	15
	三级指标	39	40	—	—	—
	标准	150～151	82～83	47	23	25
	措施	—	193～195	—	75	67

资料来源：作者自绘

表 5.25 反映的是四种住宅绿色评估体系的指标标准的数量，从表中红色圈选的部分看，四者一级指标的数量相差不大，但是标准的数量却差异很大。如果仅考虑与环境负荷相关的标准项，四者的标准数量分别为 125 项、64 项、32 项和 25 项。若与外国典型住宅绿色评估体系的标准数量（表 4.17）、特别是与环境负荷相关的标准数量相比，《绿

色建筑评估体系》的数量最为接近，而《中国生态住宅技术评估手册（2003 版）》和《生态住宅（住区）环境标志产品认证标准》的数量则是远远超出。

5.3.4 评价结果控制

《中国生态住宅技术评估手册（2003 版）》《生态住宅（住区）环境标志产品认证标准》《绿色建筑评价标准》与《绿色建筑评估体系》的结果控制，前两者采用达标控制，后两者采用分级控制（表 5.26）。

由于前三个体系除对总分控制以外，对一级指标也进行控制，因此，它们的结果控制中，通过或是达到高分的概率在整体中分布幅度很小，体现出一种“高分达标”的特点。而《绿色建筑评估体系》则是用 Q、LR 两者的取值进行控制。

四种住宅绿色评估体系设计阶段的结果控制比较　　表5.26

	《中国生态住宅技术评估手册（2003版）》	《生态住宅（住区）环境标志产品认证标准》	《绿色建筑评价标准》	《绿色建筑评估体系》
等级	达标控制	达标控制	分级控制	分级控制
内容	通过，不通过	通过，不通过	三星，两星，一星，不通过	A级，B级，C级，D级，E级
概率分布	约 0.01～0.05，0.95～0.99	约 0.01～0.03，0.97～0.99	约 0.0004，0.0139，0.5952，0.3905	约 0.06，0.10，0.16，0.48，0.20

资料来源：作者自绘

5.4 我国建筑绿色评估体系的发展趋势与存在问题

5.4.1 发展趋势

（1）建筑绿色评估体系自身的研究不断深化，可操作性不断加强

全生命周期评估概念与多项技术指标的提出都加强了评估体系的科学性；而分阶段评估的操作方法、评估体系与法规规范的紧密衔接以及自评版本的推出也提升了评估体系的可操作性。

（2）建筑绿色评估体系的地方特点逐渐浮现

我国幅员辽阔，地域空间跨越很大。考虑到中国的国情，地方性的建筑绿色评估体系的出现是很有必要的。地方性评估体系的制定思路与全国性标准制定应有所不同，国家体系应更具灵活性，地方体系应严于国家体系，而且更细、更完善、更适用，内容权重的分配和控制可能会有局部的不同。目前已经出台的地方性评估体系有：北京地方标准《绿色建筑评价标准》和《上海市生态住宅小区技术实施细则》等等，很多其他城市也在准备编制自己的地方性建筑环境评估标准，如深圳、广州、杭州等，这些经济发达地区结合自身特点积极开展了探索与研究。

5.4.2 存在问题

（1）绿色建筑认证时的难题

首先，基础研究相对薄弱。在建筑绿色评估体系中应引入材料全生命周期评估作为必要的技术支撑手段。但是我国实际上尚未形成系统的全生命周期估算软件，而且缺乏关键的基础数据，难以对实际的消耗情况进行准确的判断。因此，我国的建筑评估体系的实际操作性弱、执行度较低。

其次，认证的权威性还需要进一步检验。我国建筑绿色评估体系发展快、成果多，但也带来了认证的权威性问题，多种的评估体系造成了执行者选择上的困难。

最后，如何处理国家体系与地方体系之间的关系。我国不少地区都在开发自己的评估体系。由于各地条件差异极大，体系采用的概念及框架也不完全一致，对所得结果进行比较也非常困难。

（2）绿色建筑指导时的困惑

建筑绿色评估体系的指导作用越强，对于绿色建筑的引导效果也就越好。但是事实上我国评估体系的指导作用还需提高。

如前文所述，现阶段的建筑绿色评估体系对于被动式绿色设计手法重视不够，而且也没从城市住区整体生态系统的角度来进行考虑。

此外，需要提及一个重要的特点，我国的建筑绿色评估体系往往具有庞大的标准规模。诚然，标准详尽可以最为充分地描述可持续建筑的内涵，但是当标准的规模大到有损于评估体系发挥描述模型的程度时，就意味着此时的标准规模可能会削弱评估体系的指导作用了。以我国住宅绿色评估体系设计阶段的标准规模为例，与国外体系相比，它具有数量较多的标准。从图 5.11 中可以发现，LEED 中各项标准的权重相差较大，有些标准权重极高。虽然 LEED 并不强制执行具体的标准，但由于体系的标准数量控制得当，所以高权重标准的重要性凸现出来。反观我国的设计阶段的住宅绿色评估体系，标准的权重强弱幅度与 LEED 近似，但由于标准项数较多，严重影响重要标准有效发挥作用。

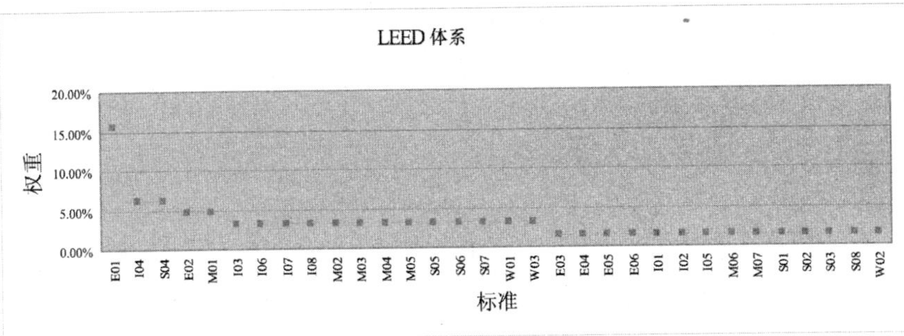

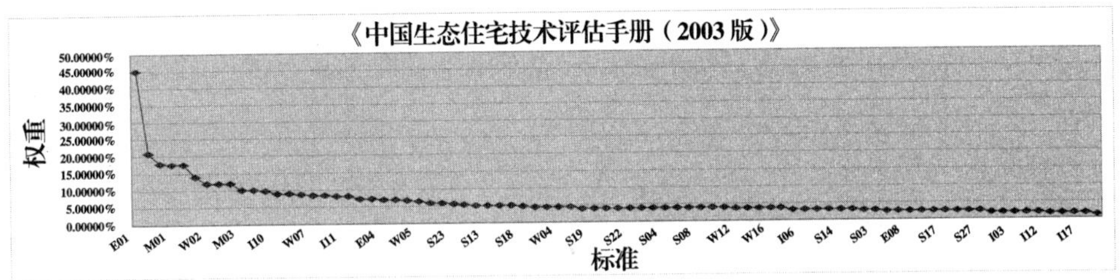

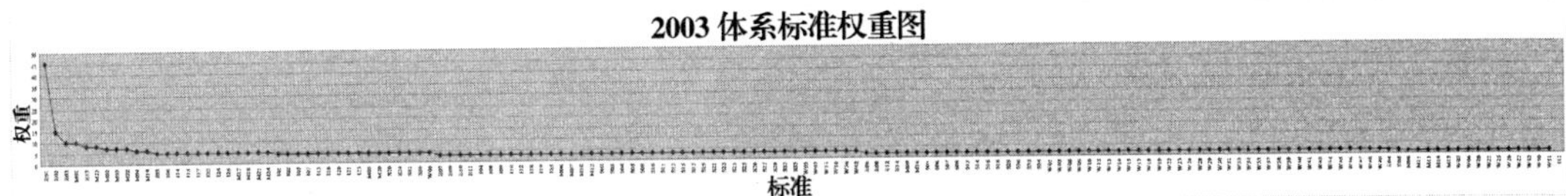

图5.11 LEED、《中国生态住宅技术评估手册（2003版）》及《生态住宅（住区）环境标志产品认证标准》标准的权重分布对比

资料来源：作者自绘

本章注释：

[1] 什么是绿色生态住宅小区．住区．北京：中国建筑工业出版社，2001（2）。

[2] 上海市住宅发展局，上海环境保护局．上海市生态住宅小区建设管理办法．2003年1月29日。

[3]《绿色建筑评价标准》作为国家标准于2006年6月1日颁布，编号为GB/T50378-2006。

[4] 2000年时，居住商业耗能比例在中欧寒冷气候国家约为50%、在美国约为37%，在日本约为26%（1999）、在台湾只占18%。

第六章　住宅绿色评估体系在城市住区中的应用

在上一章中，将我国住宅绿色评估体系与LEED进行比较，发现前者的标准规模较大。同时，还提出了一个大胆的观点“庞大的标准规模可能会削弱绿色评估体系的指导作用”。事实是否如此呢？本章将就此做一个应用实验，对此观点进行论证。

6.1　应用实验如何展开

6.1.1　思路

实验采用反证的方法，先提出观点的对立面假设，如果观点的反面假设不成立，那么观点将被证实；如果反面假设成立，那么观点的正确性就存疑了。

首先，假定住宅绿色评估体系设计阶段的标准指导作用较强，那么对于大多数通过评估的案例，在宏观角度上，案例自身的努力方向应与体系的指导方向较为一致；在微观角度上，案例各项标准的得分率应与评估体系标准的权重设置存在一定的关联性，即标准得分率的高低走向应与标准权重的轻重走向较为接近或是差距不大。

然后，实验将比较两者的关联性是否确如假设的情况。如果通过检验，发现得分率与权重之间存在较大的正关联性，则假定成立，证明所提观点错误；反之，如果得分率与权重之间存在负关联性或者关联性极小，则假定不成立，说明观点正确，所选的住宅绿色评估体系设计阶段的指导作用的确较弱。

6.1.2　流程

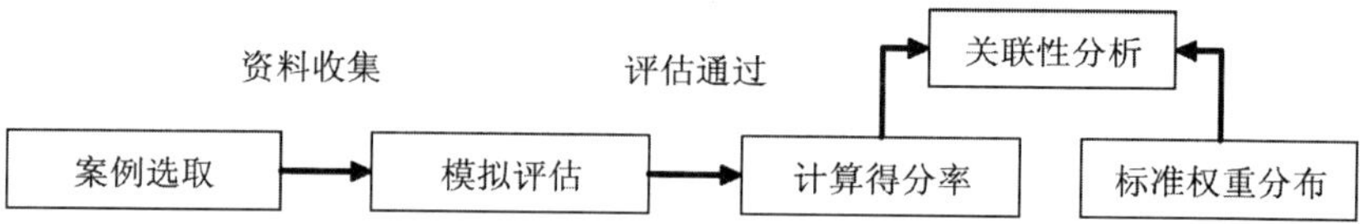

图6.1　实验流程
资料来源：作者自绘

案例研究的流程分为四步：首先选取案例，由于模拟评估需要大量翔实的案例资料，因此大规模抽取案例的现实可能性较低，本研究采取了随机抽取案例的方式；其次，对选取案例进行住宅绿色评估体系设计阶段的模拟评估；然后，选择通过模拟评估的案例，计算其每项标准的得分率；最后，依照一定的科学方法分析标准得分率与标准权重间的关联性，得出结果后对假设进行检验。

6.1.3 方法

实验需要一种科学的方法用以检查标准得分率与权重之间的关联性，因此引入了“相关分析”与“相关系数”。

相关分析，就是用一个指标来表明现象间相互依存关系的密切程度。考查两个事物（在数据里称为变量）之间的关联程度，也就是说，当某一个变量发生变化时，另一个变量会产生什么变化，可以对两者进行相关分析。当一个或几个相互联系的变量取一定数值时，与之相对应的另一变量的值虽然不确定，但它仍按某种规律在一定的范围内变化，变量间的这种相互关系，称为具有不确定性的相关关系。相关关系的特点：现象之间确实存在数量上的依存关系，而且现象之间数量上的依存关系不是确定的。

相关关系按相关形式可分为线性相关与非线性相关，线性相关指当两种相关现象之间的关系大致呈现为线性关系。线性相关根据相关方向划分为正相关与负相关。当一个现象的数量由小变大，另一个现象的数量也相应由小变大，这种相关称为正相关，如工人的工资随劳动生产率的提高而增加；当一个现象的数量由小变大，而另一个现象的数量相反地由大变小，这种相关称为负相关，如商品流转的规模越大，流通费用水平则越低。

线性相关可用相关系数 r(correlation coefficient)表示相关的程度，具体含义是：在确实存在相关关系的前提下，如果 r 的绝对值越大，说明两个变量之间的关联程度越强，已知一个变量对预测另一个变量越有帮助；如果 r 绝对值越小，则说明两个变量之间的关系越弱，一个变量的信息对预测另一个变量的值无多大帮助。

相关系数 r 的值在 −1 和 1 之间，但可以是此范围内的任何值。正相关时，r 值在 0 和 1 之间，这时一个变量增加，另一个变量也增加；负相关时，r 值在 −1 和 0 之间，此时一个变量增加，另一个变量将减少。

r 的绝对值越接近 1，两变量的关联程度越强；r 的绝对值越接近 0，两变量的关联程度越弱。r 的绝对值大于 0.7，则表示两个变量高度相关；r 的绝对值大于 0.4，小于等于 0.7 时，则表示两个变量之间中度相关；r 的绝对值大于 0.2，小于等于 0.4 时，则两个变量低度相关。

一般，当样本量较大（n>100），并对 r 进行假设检验，具有统计学意义。由于受实际情况所限，无法抽取 100 个以上的住区案例进行分析研究，研究将以位于不同地点的三个城市新建住区作为研究案例。

6.2 案例的选取与分析

2005 年 5 月—8 月，万科企业股份有限公司研创部和北京清华城市规划设计研究院城市与建筑生态研究所联合进行针对万科住区的生态专题研究，研究对象选取了公司近年来的三个作品：深圳 A 住区、上海 B 住区和天津 C 住区。住区的相关资料由公司研创部提供，然后通过与各个部门相关负责人的现场座谈和住区实地调研对资料进行有效的补充。案例模拟评估在这些资料数据的基础上展开。

6.2.1 背景差异

我国幅员辽阔，各地特征差异巨大。住区分别位于深圳、上海和天津，三地气候地理条件相差极大（表 6.1），原有生态环境质量水平不同（图 6.2），建筑热工要求也不同（图 6.3）。

三地的气候特点　　表6.1

城市	年日照时数（小时）	太阳年辐射量（GJ/m²）	年平均降水量（mm）	年平均相对湿度（%）	全年主导风向 冬季	全年主导风向 夏季	年平均风速（m/s）
深圳	1933.8	5.225	1925	77	全年主导风东南风		2.7
上海	2091	4.389	1088	74	西北风	东南风	3.4
天津	2661	5.25～5.45	500～700	66.3	全年主导风西南风		3.1
					西北风	东南风	

资料来源：根据各地气候数据作者自绘

而且三地的建筑节能政策也有种种差异：2003 年深圳颁布《深圳市居住建筑节能设计规范》，要求有计划、有步骤地取消住宅分体式空调机，力争将空调运行费用和能耗减低 30%；上海预计 2005 年全部新建住宅按国家节能标准设计和建造，2010 年全部新建住宅建筑由执行节能标准的 50% 提高到 60%；天津从 2005 年起实施三步节能，要求采暖居住建筑能耗水平在 1980～1981 年当地通用设计能耗水平基础上节约 65%，住宅建筑耗热量指标每平方米不超过 14.4 瓦。

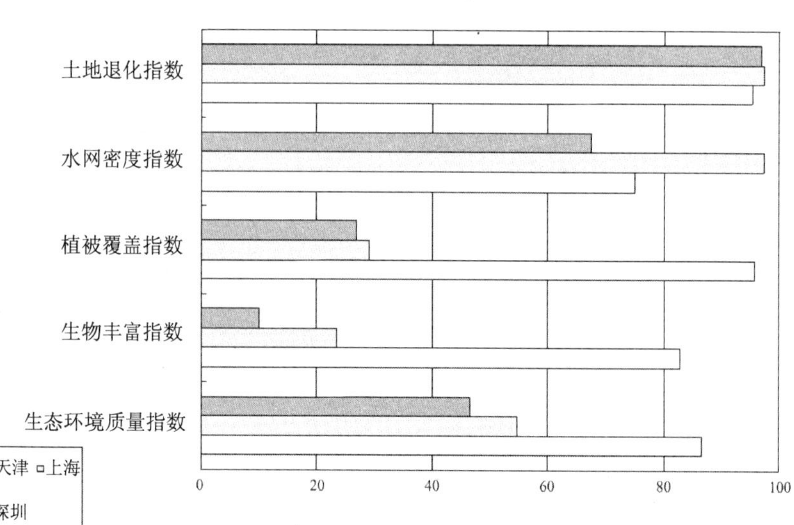

图6.2 三地的生态环境质量示意
资料来源：作者自绘
（数据来源：中国环境监测总站．中国生态环境质量评价研究．北京：中国环境科学出版社，2004）

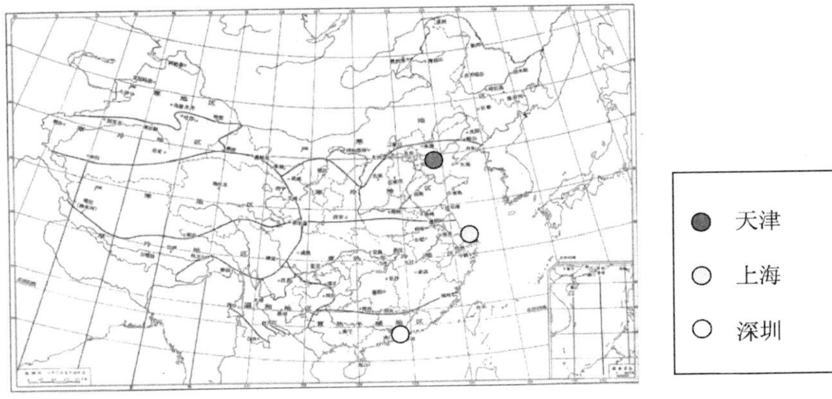

图6.3 三地的建筑热工设计分区示意

资料来源：建筑设计资料集编委会．建筑设计资料集．北京：建筑工业出版社：1994

6.2.2 住区概括

（1）深圳A住区

A住区位于盐田区大梅沙片区，盐坝高速公路的西北侧。此地背倚青山，面朝大海，有着绵长的海岸线，蔚蓝的海水和自然的风光。用地属于山地类型，地形由东南向西北逐渐走高（图6.4）。住区工程施工前，委托深圳市环保局进行了环境评估，并由北京林业大学园林规划建筑设计院深圳分院就住区进行了水土保持方案设计，以此方案指导整个工程的设计、施工（图6.5）。

图6.4 A住区的整体模型以及一期模型

资料来源：作者自摄

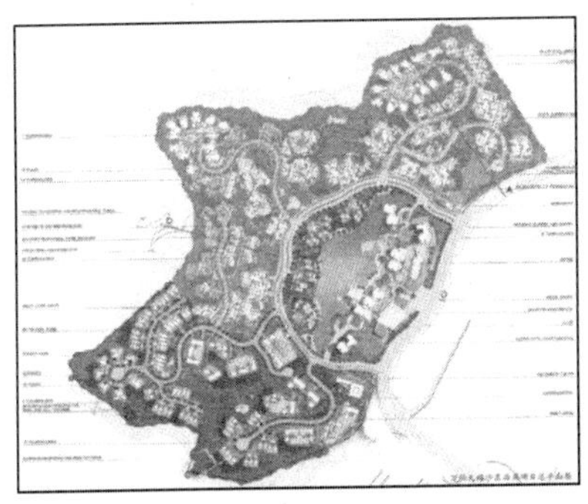

图6.5 A住区总平面图以及原地原貌

资料来源：万科公司研创部提供

A住区的经济指标　　表6.2

分期	一期		二期		三期
住宅类型	建筑面积（m²）	户数（户）	建筑面积（m²）	户数（户）	建筑面积（m²）
独立别墅	1691.66	5			
联排住宅	17010.95	83	29962.93	135	
多层住宅	11672.00	255			
小高层	22913.70	88	30247.11	237	
高层住宅			12355.75	64	正在设计中
酒店式公寓	16948.68	328			
商业	5810.87				
会所	4059.51				
配套公建	865.44		2702.9	九班制幼儿园	
合计	80972.81	759	75268.69	436	58559

资料来源：万科公司研创部提供

A住区总用地面积为268483.5平方米，总建筑面积为214800平方米，容积率为0.8，建筑密度（覆盖率）为20%（表6.2）。表6.2住区的住宅层数分别为2–14层，包括多层住宅、小高层住宅、酒店式公寓、独立别墅和双拼别墅等建筑户型，辅以少量会所、商业街等商业配套及公共设施。A住区于2004年4月26日落成并投入使用，委托深圳市万科物业管理有限公司实施专业化、一体化管理。

住区建设中的工程技术要点主要包括：太阳能集中供热的利用，溪流、人工湖的利用，人工湿地的利用，变频供水系统的利用，节能电器的利用，KALWALL板的利用，就地取材的施工方式，创新的建筑形式以及铜板、锌板、彩色玻璃幕墙的使用（图6.6）。

图6.6　A住区工程技术要点示意

资料来源：作者自摄

（2）上海B住区

B住区地处上海市西南角，位于闵行区中春路、沪松公路口。用地北侧为万科城市花园新区南块高级住宅区；东北角为华莘花苑七层高民居；东侧为华莘港及佳宝新村，整治后的华莘港将成为住区主要景观带；西侧为沿中春路的工厂企业用地；南侧为七宝镇当地开发的农民新村；距地块西侧1公里处有铁路南新环线经过。

用地地势平坦，建设前内部散乱布置有低层民居，工厂企业用房、河道、菜地、商业门面房等。

B 住区包括多层及小高层多种类型商品住宅。住区占地面积为 106279 平方米，总建筑面积约 124597 平方米，其中住宅建筑面积 118852 平方米，服务及公建设施建筑面积 2265 平方米，商业设施建筑面积 3480 平方米。

据万科提供的资料，B 住区重视七点特性：高起点设计、高度的舒适性、充分的环保性、高效的节能性、居住便捷性、安全耐久性和人性化管理；同时，B 住区集中应用了 26 项技术成果，如太阳能集中供热、太阳能照明技术、雨水收集系统、中水回用、有机垃圾生化处理、自平衡式通风系统、人工湿地、人工湖生态自平衡等等。

B住区的经济指标 **表6.3**

指标		
住宅建筑面积（m²）	建设用地面积	106279
	花园洋房	124597
	单身公寓	47360
	多层	10522
	小高层	19688
	总计	41282
公共服务设施建筑面积（m²）		118852
地下建筑面积（m²）		5745
住宅容积率		16303
建筑密度		1.23
住宅平均层数		23.6%
居住户数		6.04
居住人口		1071
绿地率		2893
机动车停车位		40%
自行车停车位		602辆（其中地下停车525辆）
公共服务设施建筑面积（m²）		966辆

资料来源：万科公司研创部提供

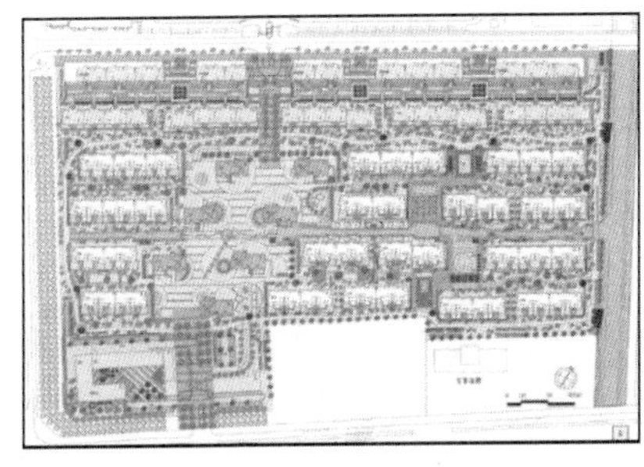

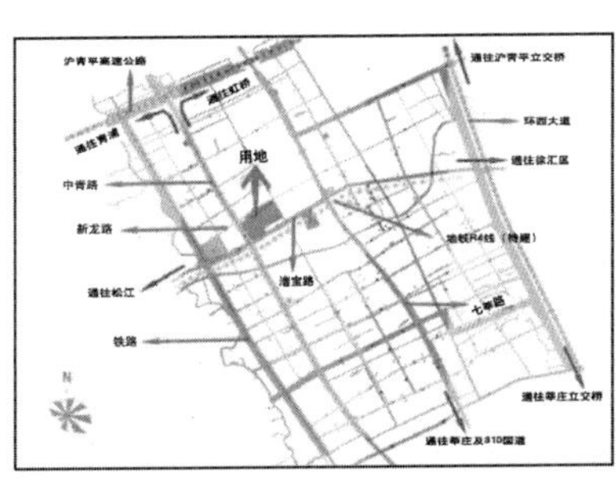

图6.7 B住区园总图与用地位置图

资料来源：万科公司研创部提供

图6.8　B住区周边环境
资料来源：万科公司研创部提供

图6.9　B住区工程技术要点示意
资料来源：作者自摄

（3）天津C住区

C住区距离天津市区中心约28公里，位于东丽湖温泉度假旅游区内，占据整个东丽湖北岸，临湖位置绝佳。东丽湖是天津市七个自然生态保护区之一，是天津市周围最大的淡水水域，水面辽阔，水草丰美。湖区内空气质量好，远远高于东丽区的总体水平，这里也是天津市空气质量最好的区域之一。然而，东丽湖有机污染较为严重，水体环境现状已不容乐观。为了发挥其正常功能，需要对东丽湖湖水进行治理和保护。建设地块大部分为闲置荒地，土壤肥力低，盐碱含量高。C住区总占地面积4095亩，总建筑面积136万m^2，规划总人口3万。天津C住区是万科迄今为止规模最大的居住区项目。一期开发以独体别墅、联排别墅、低层公寓为主。

据万科相关人员介绍，C住区依据《中国生态住宅技术评估手册》的200余项技术措施，经过合并归纳，最终整理出20余项应用技术进行实施，重点在于水环境、环境质量及节能。住区规划对现状土地进行了研究分析，在规划中地保留了原状地貌，并将项目内的原生湿地和原状水渠作为保护的重点，通过人工湖湿地环境的营造、雨水收集利用、东丽湖原状渗水渠的改造、改良盐碱地并形成较高的绿地率，对现有环境进行修复，构建出良好的生态环境。

A住区的经济指标　　表6.4

项目		单位	数量
总用地面积		万m^2	26.62
居住用地面积		万m^2	22.18
总建筑面积		万m^2	6.4
其中	住宅建筑面积	万m^2	6.1
	配套公建建筑面积	万m^2	0.3
居住户数		户	301
绿地率		%	40.5
容积率			0.29
日照间距		H：L	≥1：1.3
楼栋角度		度	南偏西18.4

资料来源：万科公司研创部提供

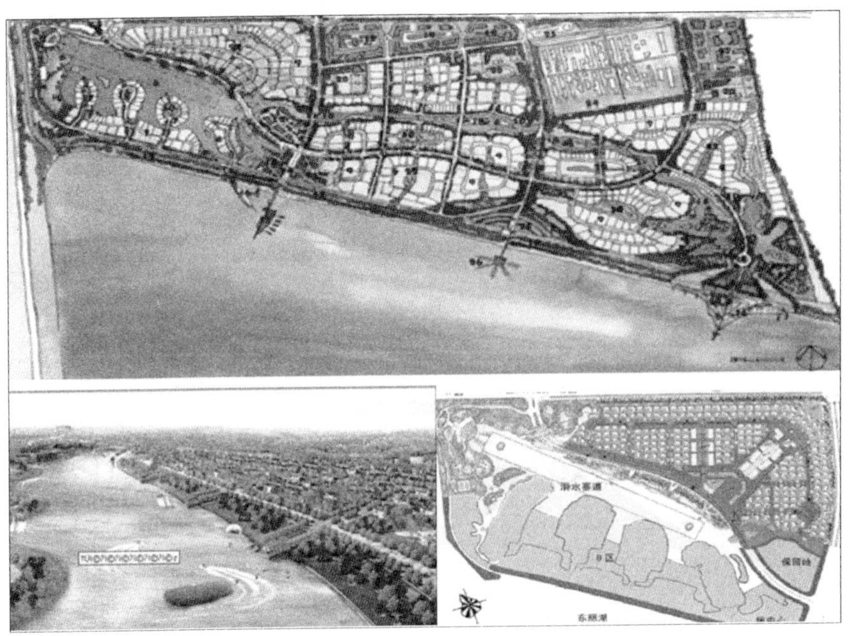

图6.10　C住区总图

资料来源：万科公司研创部提供

图6.11　C住区模型图片

资料来源：作者自摄

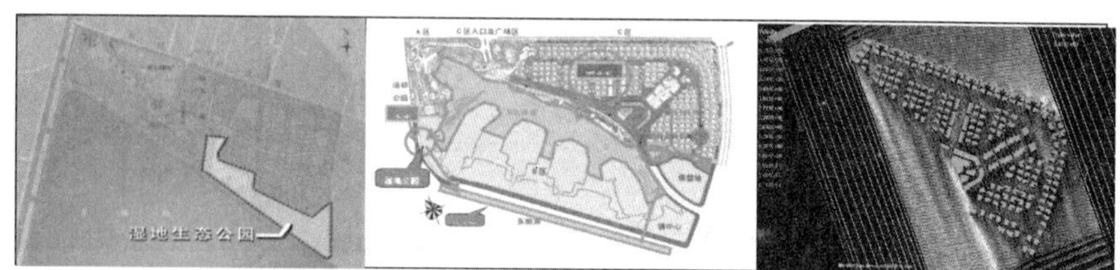

图6.12 C住区工程技术要点示意

资料来源：万科公司研创部提供

由以上介绍可知，三个住区的规模差异较大，其中A住区和C住区采用的均是多期建设方式。模拟评估时，将选择住区已经建设投入使用的部分或者正在建设的部分作为评估对象（表6.5），即A住区一期、C住区一期、B住区。模拟评估针对3个住区的设计阶段展开。

住区建设情况比较 表6.5

住区名称	所在地	分期建设	建设完成情况	规模	建筑类型
A住区	深圳	三期	一期竣工并入住，其他各期正在建设	一期建筑面积约8万平方米	一期建设包含独立别墅、联排住宅、多层住宅和小高层住宅
B住区	上海	单期建设	竣工	建筑面积约12万平方米	包含花园洋房、单身公寓、多层住宅和小高层住宅
C住区	天津	七期	一期竣工并入住，其他各期正在建设	一期建筑面积约6万平方米	一期建设包含独立别墅和联排住宅

资料来源：作者自绘（数据由万科公司研创部提供）

6.3 案例的模拟评估

模拟评估的工作主要分为四步：

一、将万科研创部提供基础资料与访谈调研所得资料归纳整理，在此基础上做必要的核对与计算；

二、将各类评估体系的指标、标准、细则以及权重置于excel表格之中，依据资料对标准逐项打分，excel根据权重依次计算出各级指标得分与总得分；

三、根据标准得分、一级指标得分以及总得分绘制直方图、雷达图和等级图，完成一个独立住区的模拟评估，检查住区是否达到评估要求。为了便于观察，在绘制直方图的时候，用深绿色直方块表明该项可能获得的最高得分，可以方便直观地发现一级指标/总分的得分情况；

四、对住区案例模拟评估结果的简要比较。

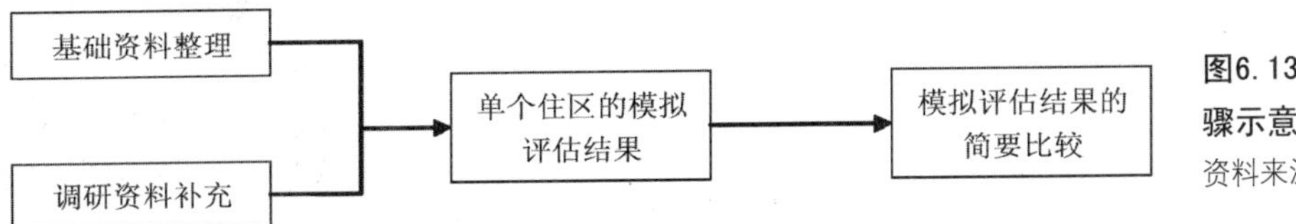

图6.13 模拟评估步骤示意
资料来源：作者自绘

6.3.1 《中国生态住宅技术评估手册（2003版）》的模拟评估

模拟评估依照《中国生态住区技术评估手册（2003 版）》体系的规划设计阶段的阶段评估要求（表 5.9）进行，即总分要求达到 300 分，一级指标均达到 60 分。A 住区、B 住区以及 C 住区的模拟评估结果见图 6.14、图 6.15、图 6.16。

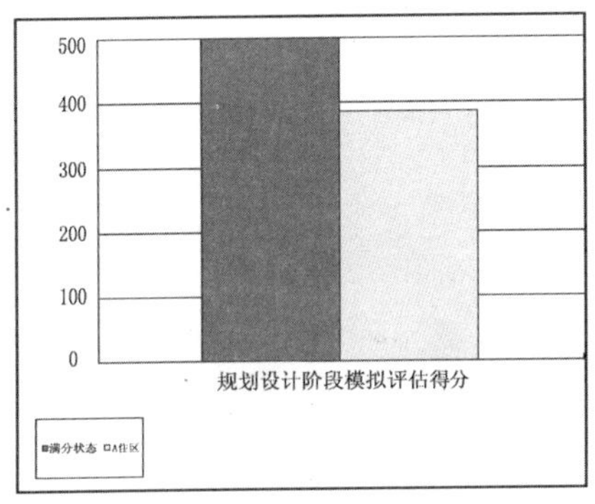

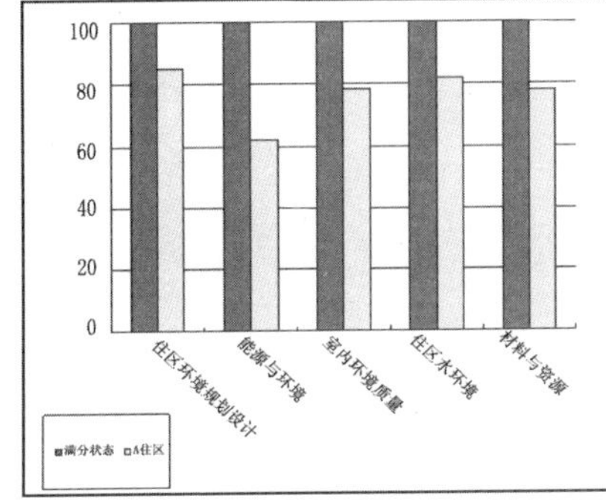

图6.14 《中国生态住宅技术评估手册（2003版）》对A住区的模拟结果
资料来源：作者自绘

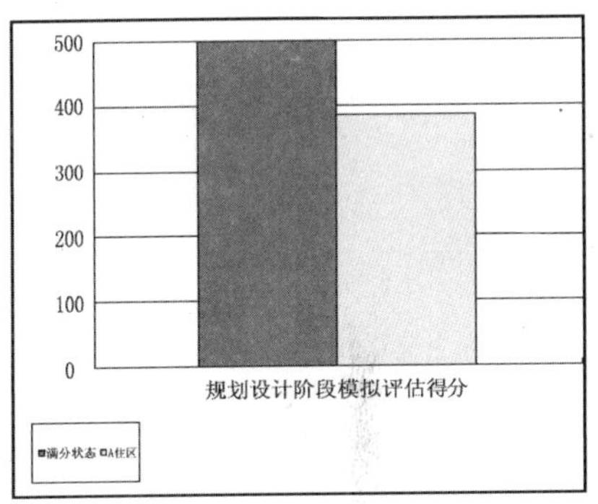

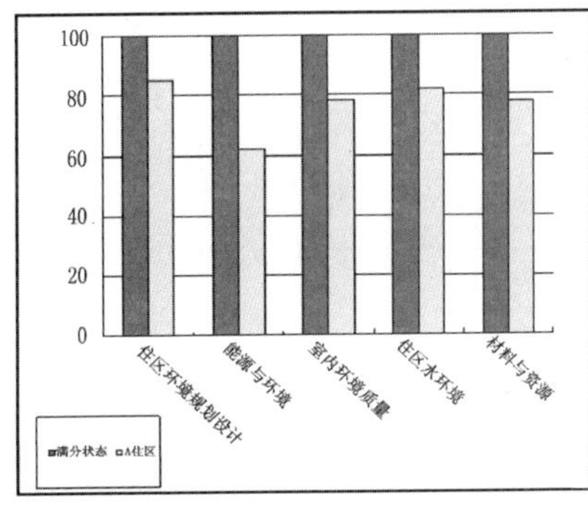

图6.15 《中国生态住宅技术评估手册（2003版）》对B住区的模拟结果
资料来源：作者自绘

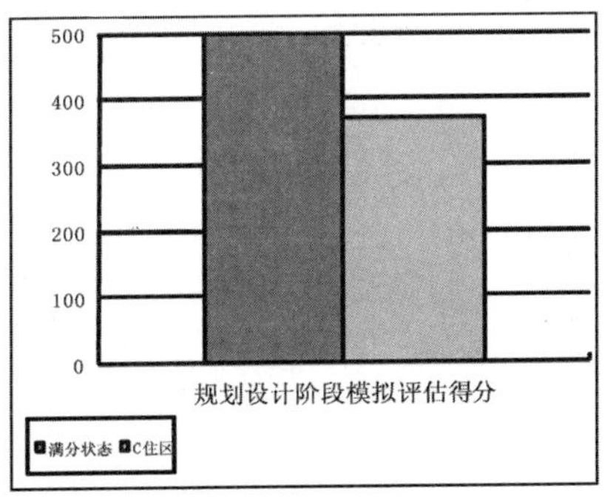

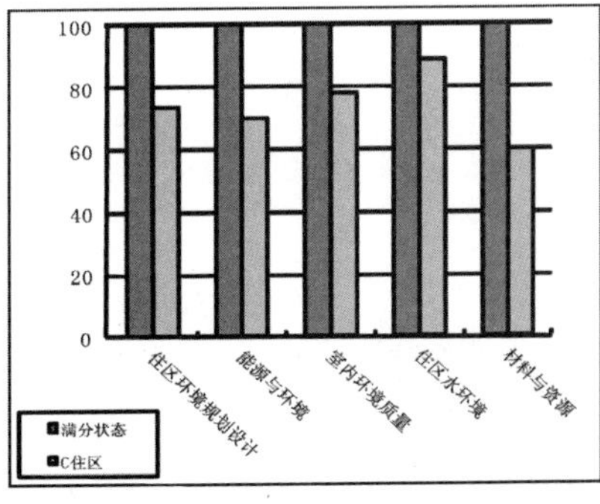

图6.16 《中国生态住宅技术评估手册（2003版）》对C住区的模拟结果
资料来源：作者自绘

从模拟评估的结果来看，三个住区案例的总分均超越了《手册2003》的要求，B住区和C住区在各项指标上也符合要求，而A住区在能源与环境、材料与资源这两项指标上的得分略低于达标要求。将三个案例的总分以及一级指标的得分进行对比，可以发现，总分上三者均大幅度超越了总分的要求，五项指标上，住区环境规划设计、室内环境质量与水环境三项指标的完成情况较好，而能源与环境完成情况则较一般。

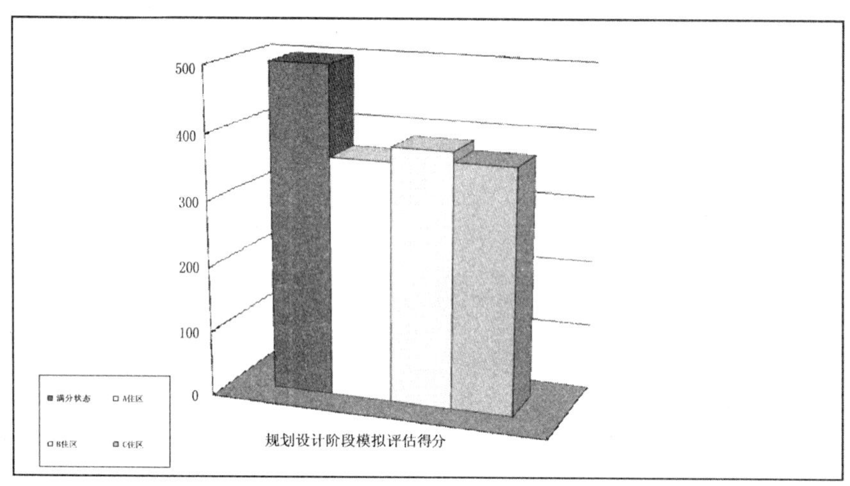

图6.17 三个住区《中国生态住宅技术评估手册（2003版）》模拟评估的最终得分比较

资料来源：作者自绘

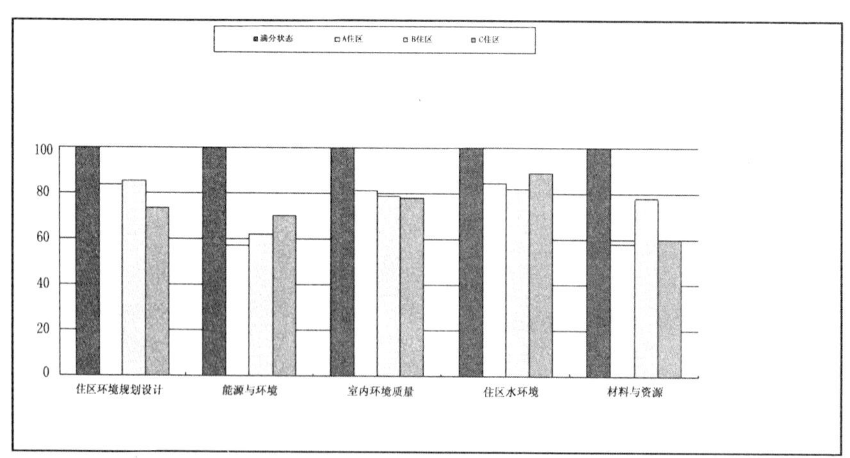

图6.18 三个住区《中国生态住宅技术评估手册（2003版）》模拟评估的一级指标比较

资料来源：作者自绘

6.3.2 《生态住宅（住区）环境标志产品认证标准》的模拟评估

《生态住宅（住区）环境标志产品认证标准》评估体系的模拟评估选择规划设计阶段的阶段评估要求（表 5.9）进行。

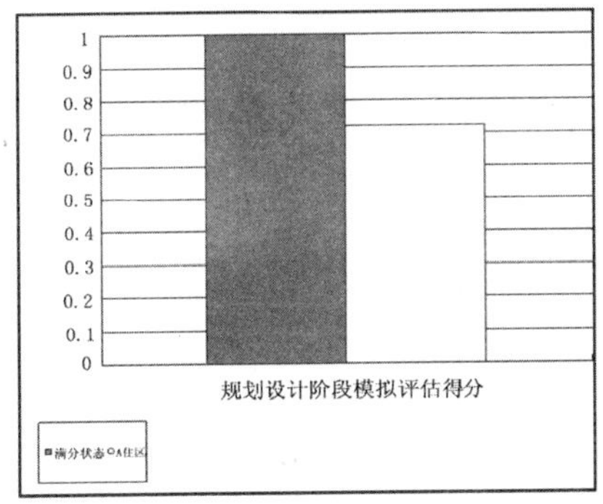

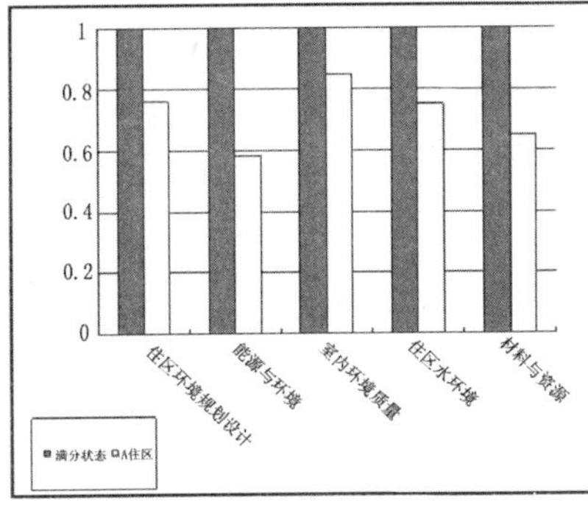

图6.19 《生态住宅（住区）环境标志产品认证标准》对A住区的模拟结果
资料来源：作者自绘

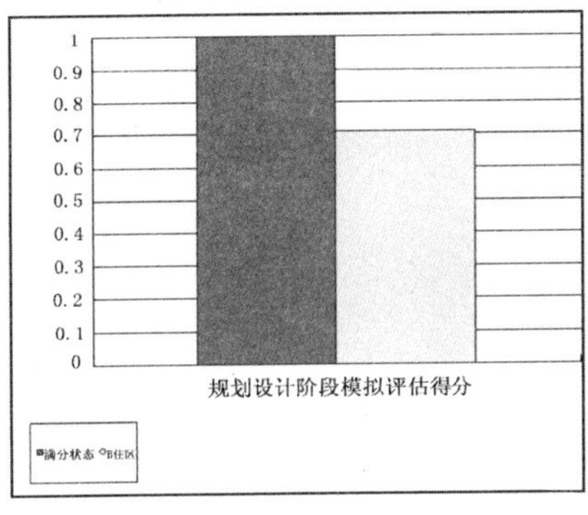

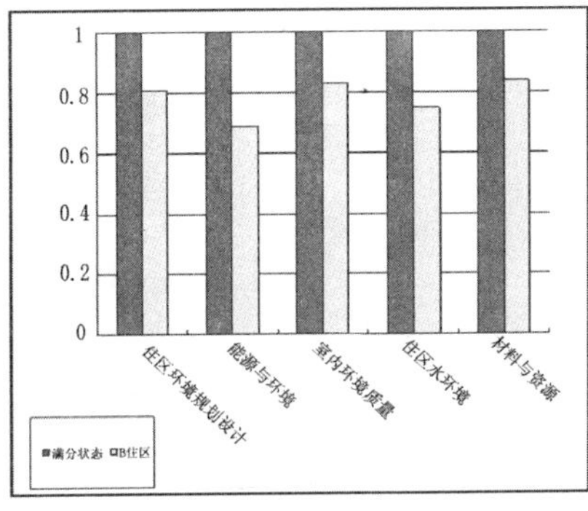

图6.20 《生态住宅（住区）环境标志产品认证标准》对B住区的模拟结果
资料来源：作者自绘

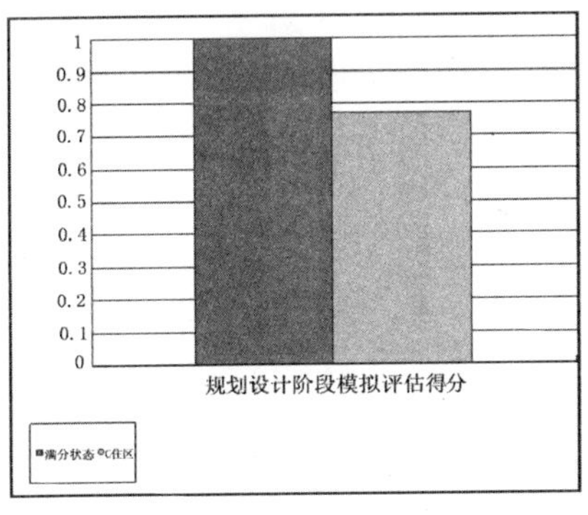

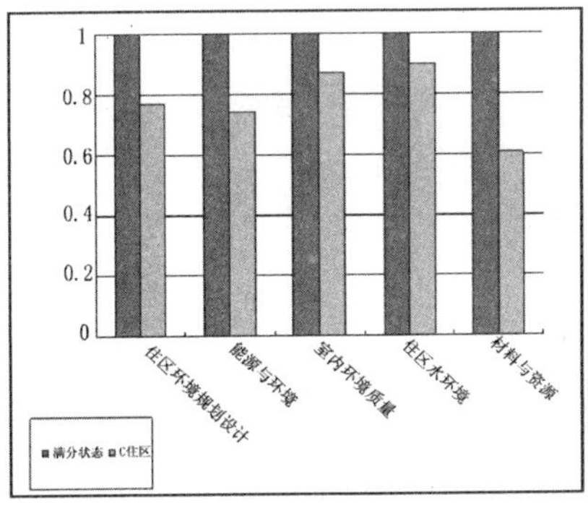

图6.21 《生态住宅（住区）环境标志产品认证标准》对C住区的模拟结果
资料来源：作者自绘

模拟评估结果与《手册 2003》的结果接近：三个住区案例的总分均超越了《住宅标准》的要求，B 住区和 C 住区在各项指标上也符合要求，而 A 住区在节能与能源这项指标上的得分略低于达标要求。将三个案例的总分以及一级指标的得分进行对比，可以发现，总分上三者均大幅度超越了总分的要求，五项指标上，住区环境规划设计、室内环境质量与水环境三项指标的完成情况较好，而节能与能源此项指标完成情况较为一般。

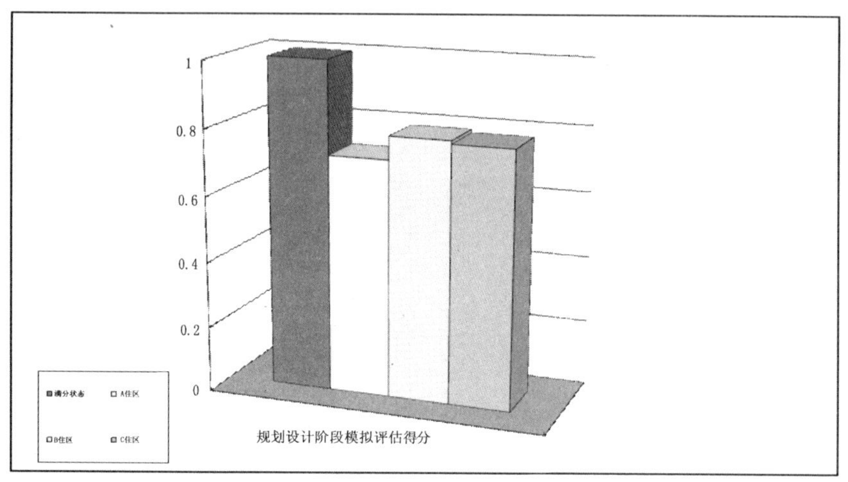

图6.22　三个住区《生态住宅（住区）环境标志产品认证标准》模拟评估的最终得分

资料来源：作者自绘

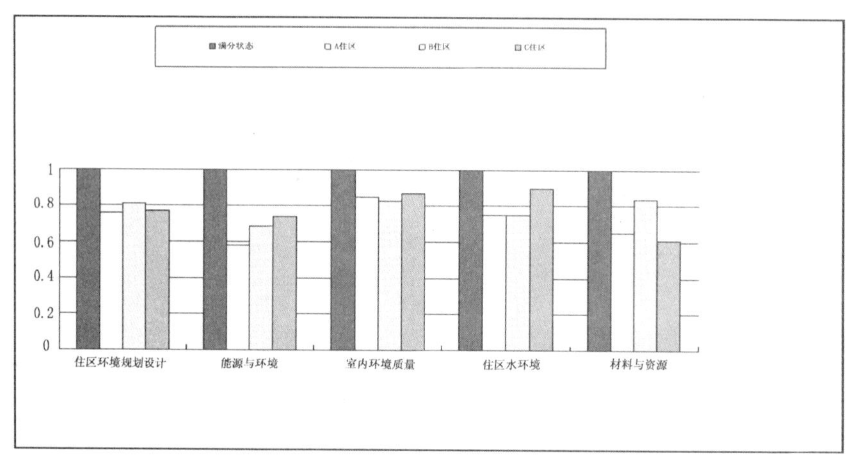

图6.23　三个住区《生态住宅（住区）环境标志产品认证标准》模拟评估的一级指标比较

资料来源：作者自绘

6.3.3 《绿色建筑评价标准》的模拟评估

使用《绿色建筑评价标准》对住区案例进行模拟评估，主要目的是将比较与其他评估体系的模拟评估结果差异，考察各个体系的一致性情况。

《绿色建筑评价标准》对A住区的模拟结果　　表6.6

	控制项	一般项（41项）						优选项
		节地与室外环境	节能与能源利用	节水与水资源利用	节材与材料资源利用	室内环境质量	运营管理	
	25项	9项	6项	7项	6项	5项	8项	6项
完成（项）	25	7	2	5	2	4	5	2
星级	达到	★★★	★	★★	★	★★★	★	★★
总计	★							

资料来源：作者自绘

《绿色建筑评价标准》对B住区的模拟结果　　表6.7

	控制项	一般项（41项）						优选项
		节地与室外环境	节能与能源利用	节水与水资源利用	节材与材料资源利用	室内环境质量	运营管理	
	25项	9项	6项	7项	6项	5项	8项	6项
完成（项）	25	9	3	6	6	3	7	2
星级	达到	★★★	★★	★★★	★★★	★★	★★★	★★
总计	★★							

资料来源：作者自绘

《绿色建筑评价标准》对A住区的模拟结果　　表6.8

	控制项	一般项（41项）						优选项
		节地与室外环境	节能与能源利用	节水与水资源利用	节材与材料资源利用	室内环境质量	运营管理	
	25项	9项	6项	7项	6项	5项	8项	6项
完成（项）	25	9	5	6	3	3	4	3
星级	达到	★★★	★★★	★★★	★	★★	★	★★
总计	★							

资料来源：作者自绘

从表 6.6 至表 6.8 所显示的评估结果来看，三个住区案例均能达到体系的星级级别，不过也都未能获得三星级别。

在《建筑评价标准》评估中，评估案例如要得到三星级别，一般项执行总数至少需要达到 35 项。但由于体系对于单项指标达标的要求也有较高的要求，因此要获得体系评估的高星级，就必须完成每项指标所包括的绝大部分标准。

以 B 住区案例为例，尽管它的一般项的执行总数达到了 34 项，但是单项评定中却出现了两个二星级别，这也影响了案例最终的评估结果。

6.3.4 《绿色建筑评估体系》的模拟评估

图 6.24 至图 6.26 是《绿色建筑评估体系》的试评结果。从最终的等级图上看，三个住区案例在图上的位置非常接近，都集中在 B、C 区交界处而偏向 B 区。为了能将结果描述得更为清晰，在等级图基础上配合了指标雷达图与指标直方图进行辅助描述。

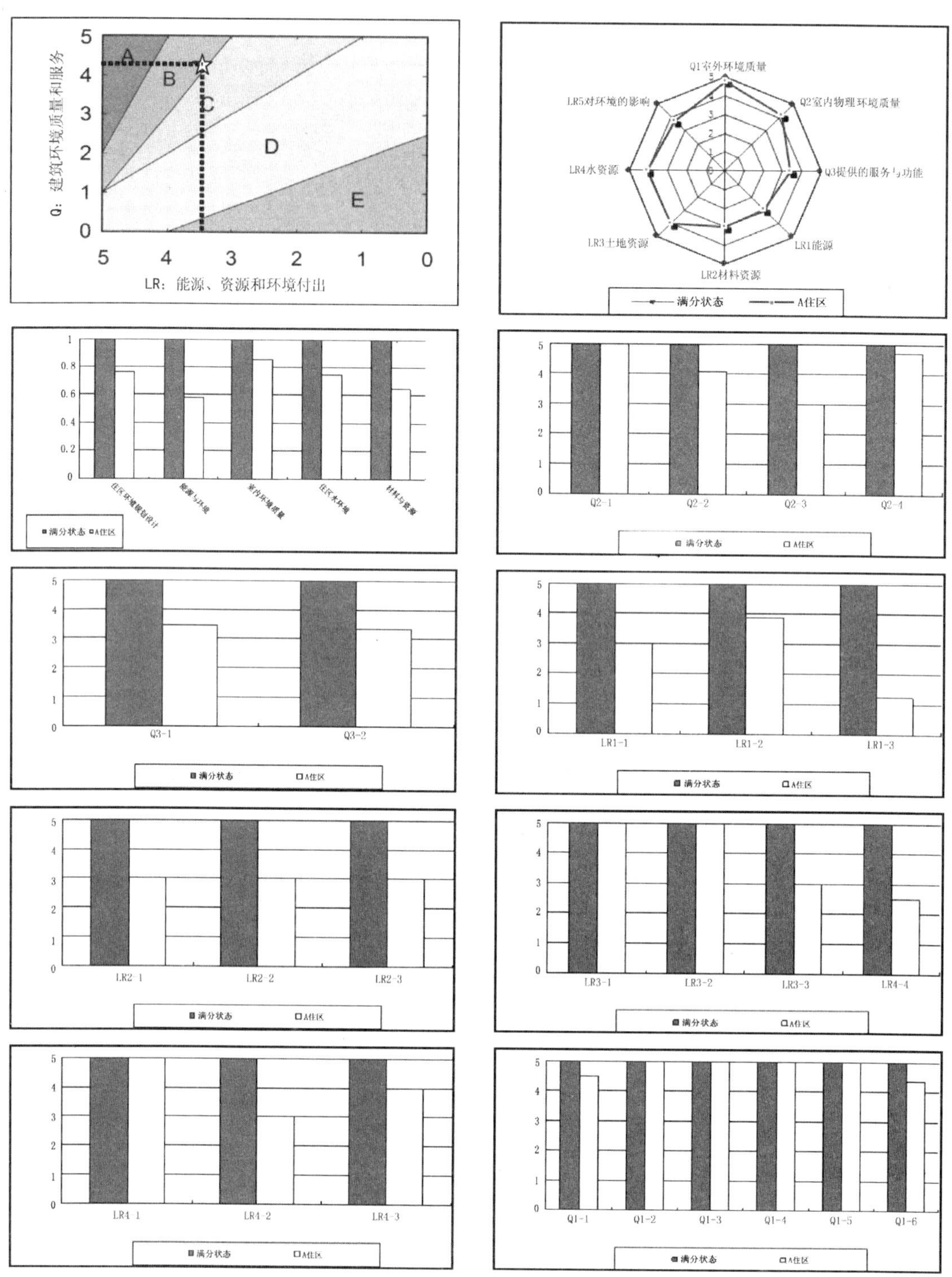

图6.24

《绿色建筑评估体系》对A住区的模拟结果

资料来源：作者自绘

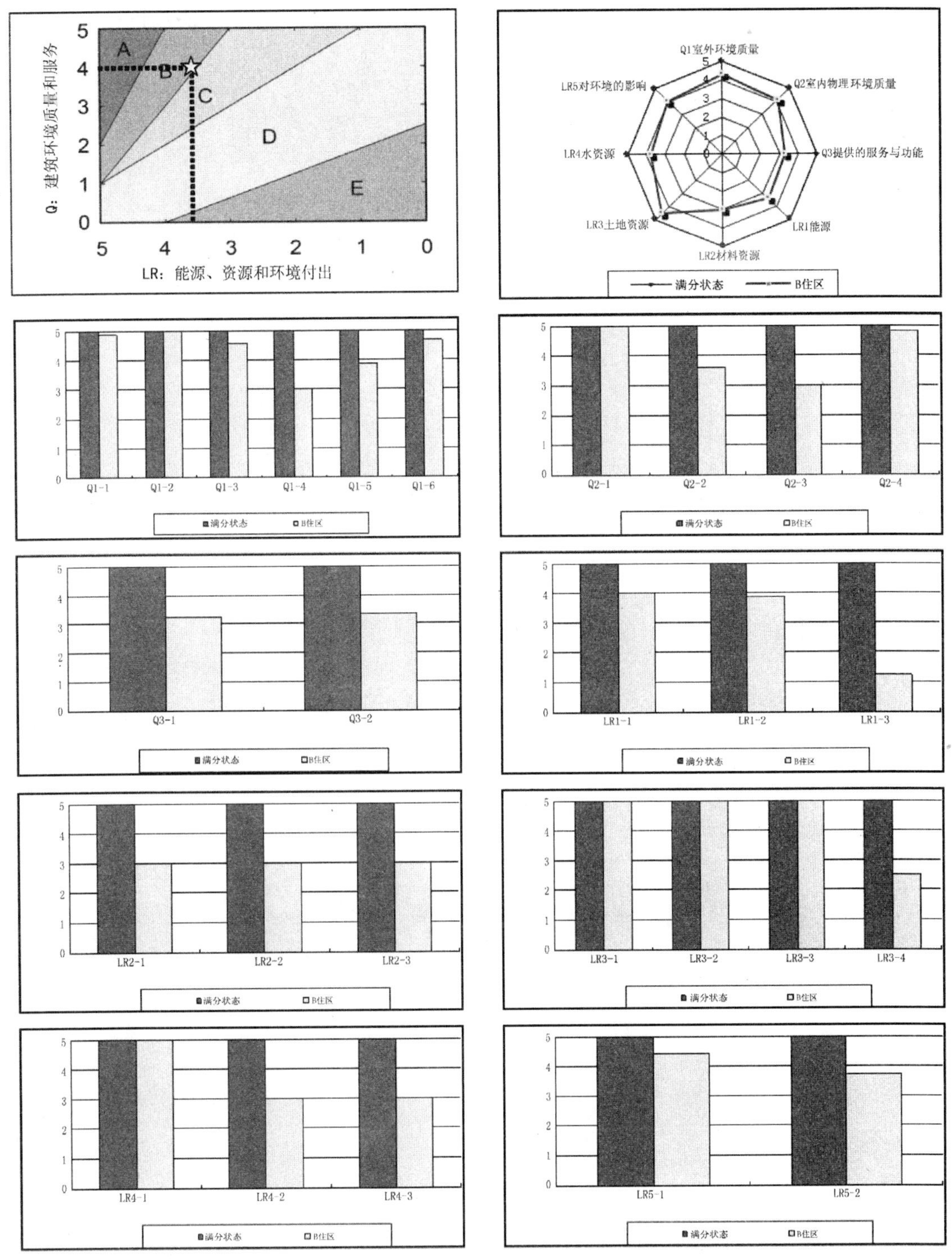

图6.25

《绿色建筑评估体系》对B住区的模拟结果

资料来源：作者自绘

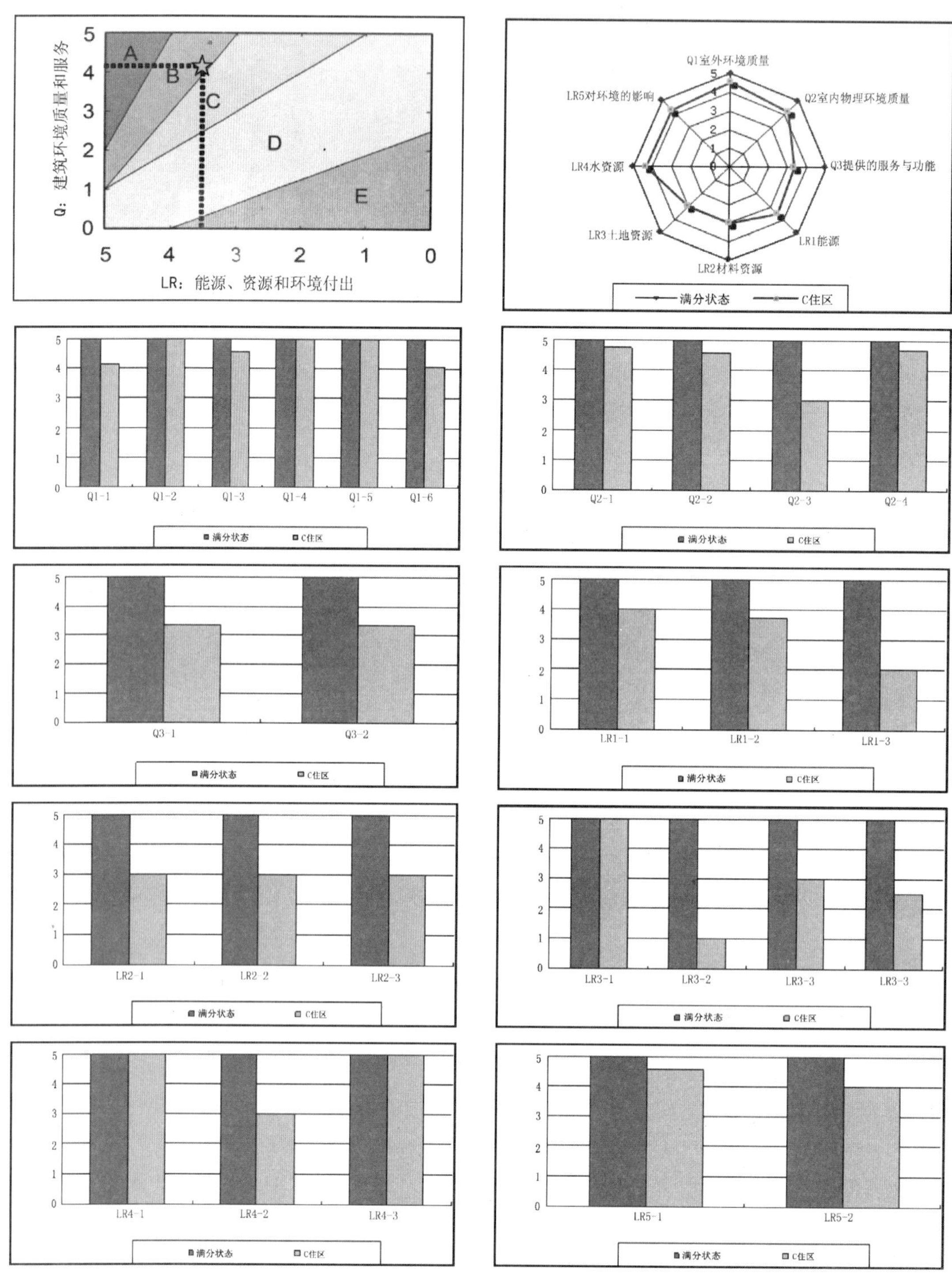

图6.26

《绿色建筑评估体系》对C住区的模拟结果

资料来源：作者自绘

6.3.5 结果比较

在四种住宅绿色评估体系的模拟评估中，三个住区案例基本能达到评估体系的要求（A 住区的个别指标有微小差距）。对于分级控制的评估体系，三个案例均没有达到最高等级。总体来看，四种评估体系的评估结果的一致性是比较接近的。接下来的关联分析将选择《中国生态住宅技术评估手册（2003 版）》与《生态住宅（住区）环境标志产品认证标准》进行。

6.4 以关联分析进行求证

关联分析的步骤包括以下三步：

一、在 excel 工作表格中分别计算出三个住区案例在不同的模拟评估中全部的标准得分率，并求出案例的标准平均得分率；

二、绘制住宅绿色评估体系的标准权重—得分率分布图，比较两者的趋势变化，并绘制个案的标准得分率—权重比较图综合比较；

三、计算案例的标准得分率与评估体系标准权重之间的相关系数，对两者的关联性进行判断。

图6.27 关系分析步骤示意

资料来源：作者自绘

6.4.1 《中国生态住宅技术评估手册（2003版）》的关联分析

从《中国生态住宅技术评估手册（2003 版）》的标准权重—得分率分布图（图 6.28、图 6.29）上观察，发现案例的得分率与权重分布没有明显联系，而从案例权得分率—权重分布图（图 6.30 至图 6.32）上可以清楚地发现，高得分率的标准与高权重的标准部分几乎完全不吻合。

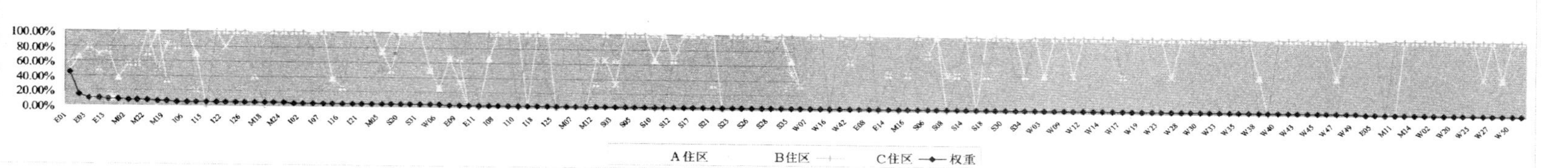

图6.28 《中国生态住宅技术评估手册（2003版）》标准权重－得分率分布图（三个住区案例）

资料来源：作者自绘

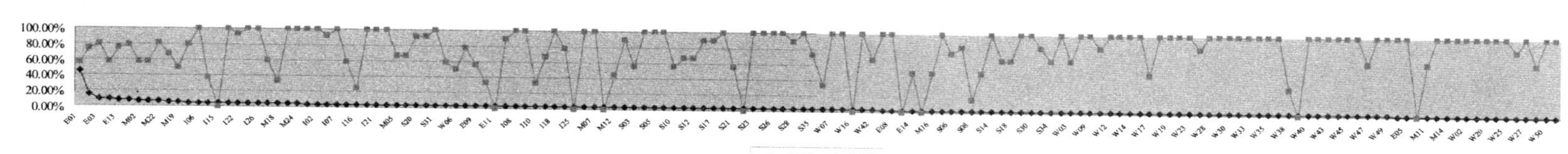

图6.29 《中国生态住宅技术评估手册（2003版）》标准权重－得分率分布图（案例平均）

资料来源：作者自绘

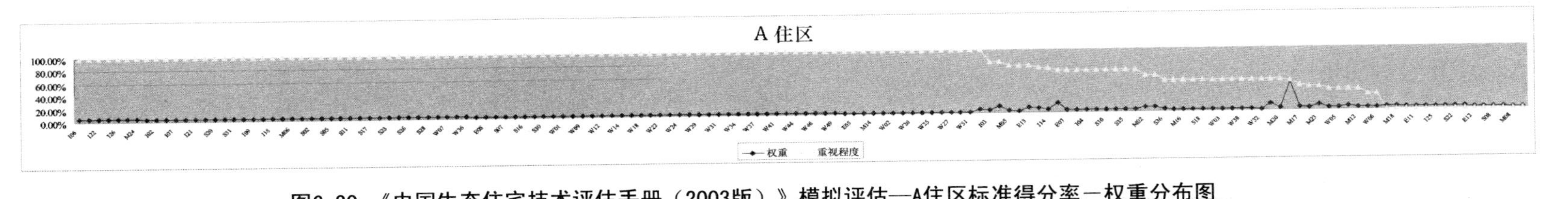

图6.30 《中国生态住宅技术评估手册（2003版）》模拟评估—A住区标准得分率—权重分布图
资料来源：作者自绘

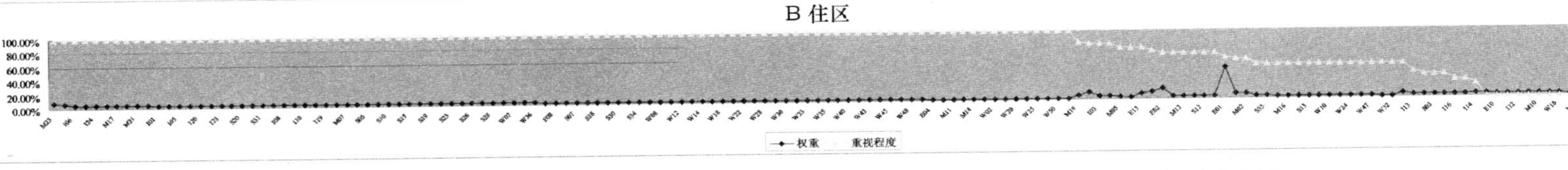

图6.31 《中国生态住宅技术评估手册（2003版）》模拟评估—B住区标准得分率—权重分布图
资料来源：作者自绘

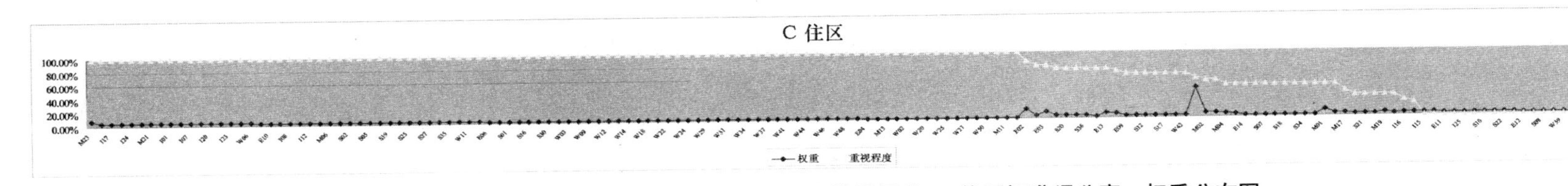

图6.32 《中国生态住宅技术评估手册（2003版）》模拟评估—C住区标准得分率—权重分布图
资料来源：作者自绘

通过相关系数的计算，发现案例的标准得分率与评估体系的标准权重的相关系数均为负值，呈现负相关的关联关系；由于数值的绝对值均小于0.2，所以可视为关联关系极弱。

《中国生态住宅技术评估手册（2003版）》标准权重——案例得分率关联分析

表6.9

	住区案例			案例平均
	A住区	B住区	C住区	
相关系数	-0.136	-0.077	-0.101	-0.118
相关性	负相关	负相关	负相关	负相关
	关联关系极弱	关联关系极弱	关联关系极弱	关联关系极弱

资料来源：作者自绘

6.4.2 《生态住宅（住区）环境标志产品认证标准》的关联分析

《生态住宅（住区）环境标志产品认证标准》的标准权重——得分率分布图（图6.33、图6.34）与《中国生态住宅技术评估手册（2003版）》的分布图相比，变化更有规律。

从案例标准得分率——权重分布图上（图6.35至图6.37）可以发现，高得分率的标准与高权重的标准有一定的吻合。

通过相关系数的计算，发现B住区与C住区的标准得分率与评估体系的标准权重的相关系数均为正值，A住区的相关系数仍为负值。由于三个相关系数的数值绝对值依然小于0.2，所以仍视为关联关系极弱。

《生态住宅（住区）环境标志产品认证标准》标准权重——案例得分率关联分析

表6.10

	住区案例			案例平均
	A住区	B住区	C住区	
相关系数	-0.058	0.087	0.073	0.045
相关性	正相关	正相关	正相关	正相关
	关联关系极弱	关联关系极弱	关联关系极弱	关联关系极弱

资料来源：作者自绘

6.4.3 结果分析

关联分析的结果显示：两种住宅绿色评估体系的标准权重与通过评估案例的标准得分率之间关联性极小，说明这些案例中执行者者的思路与评估体系制定者的思路相差很大。从目前所获取的案例样本得到的结果，6.1.1中提出的“住宅绿色评估体系设计阶段的标准指导作用较强”的假定不能成立。从而说明了“由于住宅绿色评估体系中的标准规模数量庞大到一定程度会致使体系的实际指导作用偏弱”这种观点存在的可能性。

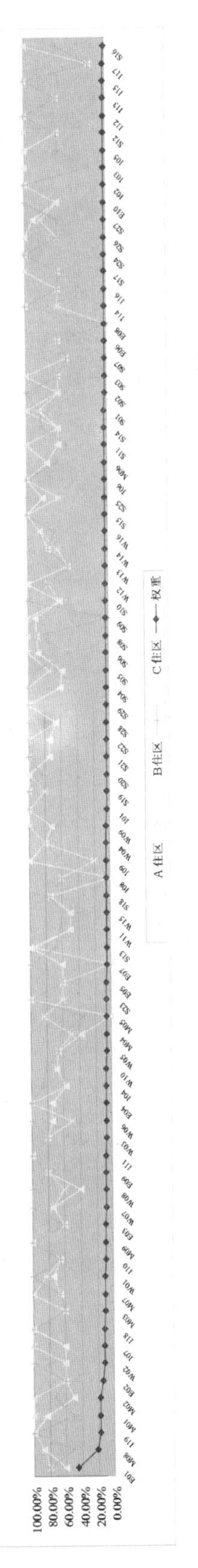

图6.33 《生态住宅（住区）环境标志产品认证标准》标准权重—得分率分布图（三个住区案例）

资料来源：作者自绘

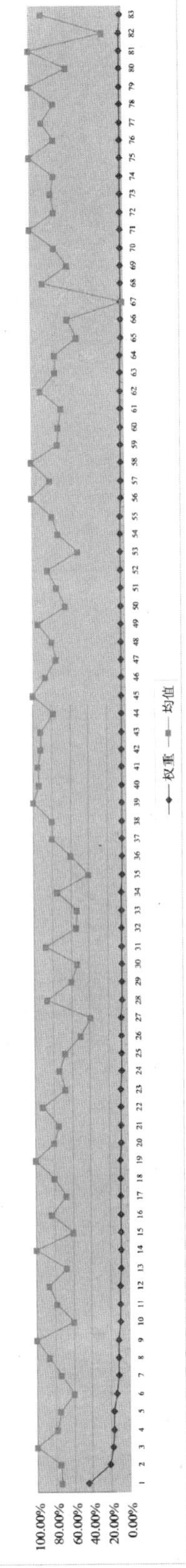

图6.34 《生态住宅（住区）环境标志产品认证标准》标准权重—得分率分布图（案例平均）

资料来源：作者自绘

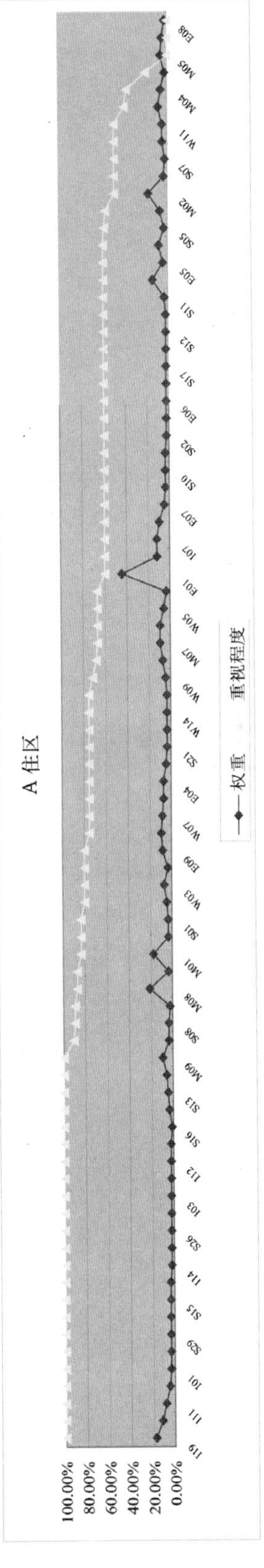

图6.35 《生态住宅（住区）环境标志产品认证标准》模拟评估—A住区标准得分率—权重分布图

资料来源：作者自绘

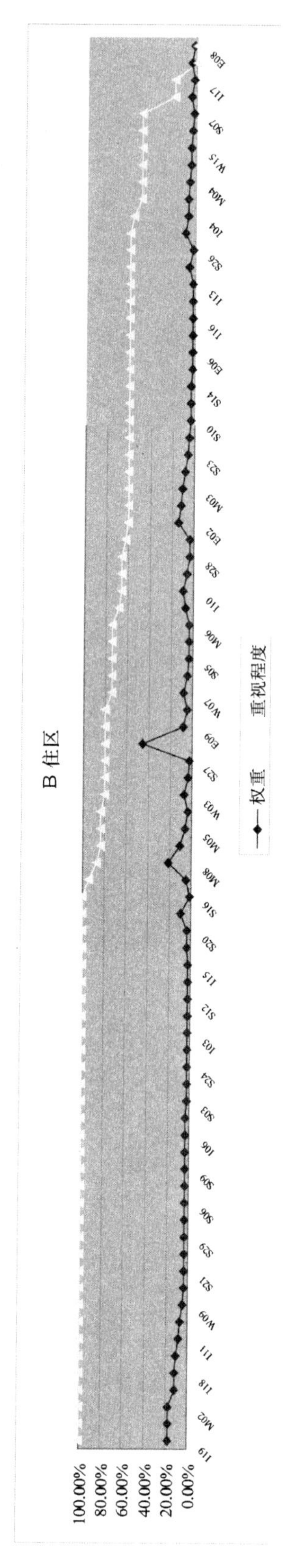

图6.36 《生态住宅（住区）环境标志产品认证标准》模拟评估—B住区标准得分率—权重分布图

资料来源：作者自绘

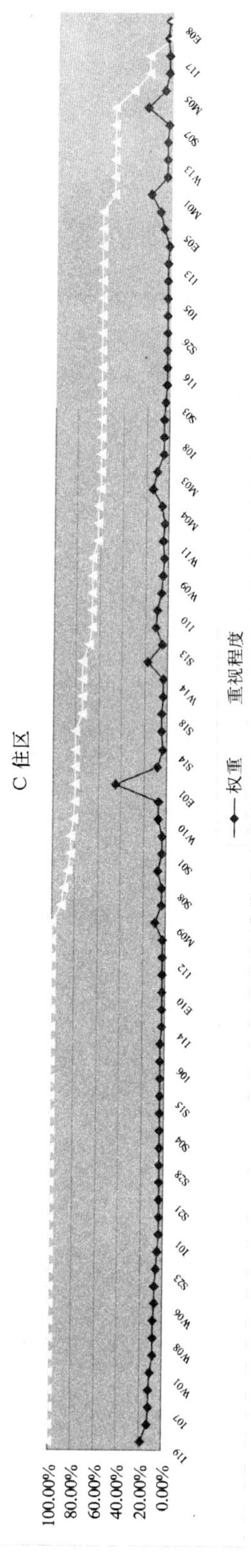

图6.37 《生态住宅（住区）环境标志产品认证标准》模拟评估—C住区标准得分率—权重分布图

资料来源：作者自绘

第七章　住宅绿色评估体系的标准规模控制

如果住宅绿色评估体系的标准规模过于庞大导致实际效果受到影响，那么从现有评估体系的标准中筛选出重要的标准，简化整个规模，无疑会优化住宅绿色评估体系的指导作用。

7.1　标准规模控制的基本思路

实验选取的两种住宅绿色评估体系包含的标准多达百余项，要从其中筛选要点，保留什么，放弃什么？选择依据至关重要。研究尝试利用“80/20 定律”原理作为基本依据。

标准筛选的工作完成后，鉴于现有住宅绿色评估体系标准，尤其是设计阶段的标准设置较为重视新技术与新材料的使用，对被动式设计手法关注不够，因此将补充一部分与被动设计相关的标准。

7.2　标准规模控制的工作过程

7.2.1　80/20定律的使用

人们的心理中通常有着这样的直觉：对一件事而言，所有原因大致上是一样重要；对于一个商家而言，所有顾客都都需要关注；对于一个企业，所有员工有同等价值……这种思想推而广之的情况是，我们时常认为所有机会都有近似价值，应平等对待之。然而，意大利人帕累托却给了我们一个与直觉相关的理论。

帕累托定律也叫 80/20 定律，是由意大利经济学家帕累托（1848—1923）提出来的。在 19 世纪末，帕累托研究英国人的收入分配问题时，他发现一个有趣的现象，那就是 20% 的人口享有 80% 的财富。他还发现某一部分人口占总人口的比例，与这一部分人所拥有的财富份额，具有比较确定的不平衡数量关系，而且在不同时期、不同国度这种不平衡关系会重复出现。80/20 成为这种不平衡关系的简称，经济学家把这一发现称为 80/20 定律或帕累托定律。当然，精确的 80/20 关系实际出现的几率很小。定律并不给出精确的百分比划分，而是说明：以一个关键的小诱因、投入和努力，通常可以产生大的结果、产出或酬劳。

80/20 定律点破了“关键少数”这个问题。一个事物会包含多个维度或多个角度，但总会有少数的关键因素可以集中反映事物的本质或影响事物的特性。它告诉我们：在任何特定群体中，重要的因子通常只占少数，而不重要的因子则占多数，因此只要能控制具有重要性的少数因子即能控制全局。它有助于我们将着眼点放到关键的问题上。

7.2.2 标准的筛选与归纳

在 80/20 定律的启发之下，研究将对现有住宅绿色评估体系的标准进行筛选，希望能够在数量庞大的标准中发现最为重要的部分，也即是要找出占据了评估体系的大部分权重的较少数量的标准。

选择评估体系包括：《生态住宅（住区）环境标志产品认证标准》与《中国生态住宅技术评估手册（2003 版）》，具体操作时以前者为主、后者为辅。标准的补充将借鉴《绿色建筑评价标准》与《绿色建筑评估体系》的相关内容。

筛选步骤是将评估体系中所有的标准依照权重排序，然后在标准的权重改变的地方，选择高权重部分的标准，计算它们的权重总和，比较其的数量与权重之间的关系。两种住宅绿色评估体系计算比较结果如下：

（1）《中国生态住宅技术评估手册（2003 版）》

该体系包括 152 项标准。绘制出所有标准的权重变化曲线图，曲线的转折点即是标准权重发生改变的地方。在权重变化点 0.04 处，约有占总数 26% 的标准，它们的权重之和占总权重的 50%（图 7.1）；在下一个权重的变化点 0.03 处，约有占数量 53%的标准，它们的权重之和占到总权重的 76%。由此看来，《中国生态住宅技术评估手册（2003 版）》的标准分布较为平均，如果采用 80/20 定律对标准进行选择，将损失过多的信息。

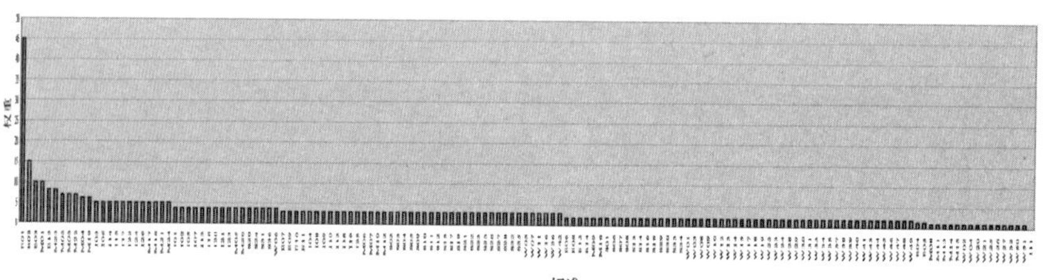

图7.1 《中国生态住宅技术评估手册（2003版）》标准简化结果
资料来源：作者自绘

（2）《生态住宅（住区）环境标志产品认证标准》

同法对《生态住宅（住区）环境标志产品认证标准》的 83 项标准进行筛选。经多次比较，发现在权重变化点 0.048 处，有占权重总数的 41%（34 项）的标准，它们的权重之和占到总权重的 69.5%（图 7.2）。

将该 34 项标准选出，按照原体系分类方法进行归纳，作为接下来工作的基础（表 7.1）。

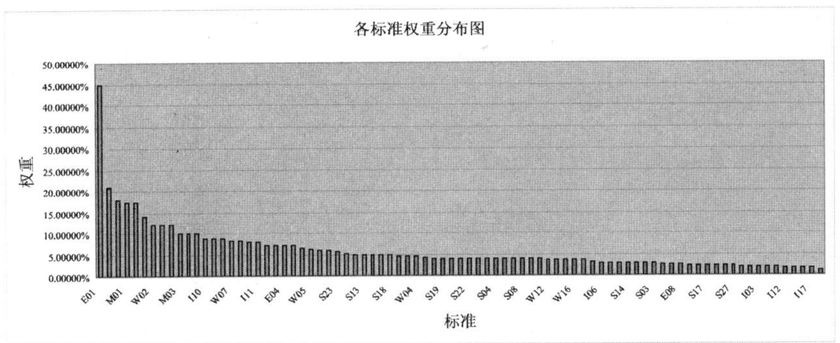

图7.2 《生态住宅（住区）环境标志产品认证标准》标准简化结果

资料来源：作者自绘

《生态住宅（住区）环境标志产品认证标准》简化结果　　表 7.1

一级指标	序号	标准	权重
1 场地环境规划设计要求	1	住区内停车及道路组织安全、便利	5%
	2	植物选择与搭配、水景设计能够改善住区微环境，提高生态效益	4.8%
	3	保证必要的日照要求	5.6%
2 节能与能源利用要求	4	围护结构设计满足国家及地方节能标准要求，采取节能措施降低建筑全年耗热量和耗冷量	45.0%
	5	优化建筑能源结构，比较不同能源系统的能量转换效率（ECC），择其高者实施	14.0%
	6	减少集中空调采暖系统中输配系统的风机水泵电耗	8.8%
	7	采用节能灯具和节能控制措施，降低照明系统能耗	7.0%
	8	合理利用工业废热、空调余热和高效设备系统制取生活热水；采用集中生活热水系统时，提高能源系统的整体能量转换效率（ECC）和能量输配系数（TDC）	5.3%
	9	提高可再生能源进行冬季供暖和夏季制冷的比例	5.0%
	10	降低单位建筑面积各种污染物（CO_2、NO_x、SO_x，总悬浮颗粒物TSP）排放量，减少对大气环境的不利影响	8.0%
3 室内环境质量要求	11	具有良好的通风系统	7.0%
	12	具有合理的空气温度调节范围	12.0%
	13	减少外围护结构导致的不舒适性	9.0%
	14	居住空间有良好的日照	8.0%
	15	平面布局合理	12.0%
	16	合理选择建筑构件，满足建筑隔声要求	18.0%

续表

一级指标	序号	标准	权重
4 住区水环境要求	17	水量平衡方案满足高质高用、低质低用的用水原则，提高非自来水在用水总量中的比例	9.9%
	18	节水率≥10%	12.1%
	19	生活用水、绿化用水、景观水体补水等实行分质供水	7.2%
	20	缺水地区，规划生活污水、雨水的收集和再生利用系统或海水（沿海缺水地区）的利用与排放系统	6.3%
	21	对住区内污水处理和再生利用系统进行生态与环境影响评估	7.2%
	22	采取措施，确保再生水的水质安全卫生	8.4%
	23	再生水利用率≥10%	8.4%
	24	雨水处理与利用	6.6%
	25	利用非自来水作为绿化用水	5.0%
	26	采取措施，防止景观水体发生富营养化	5.0%
5 材料与资源	27	使用可回收，可再生和可再利用的建筑材料	17.5%
	28	所用的建筑材料对环境影响较小	17.5%
	29	了解当地建筑材料生产与供应的有关信息，尽可能就地取材	10.0%
	30	旧建筑的改造与利用	6.0%
	31	旧建筑材料的利用	6.0%
	32	在建筑设计阶段考虑实施装修的设计与施工	10.0%
	33	实行垃圾分类收集，采取减量化措施并及时清运	21.0%
	34	垃圾在住区进行处理，必须充分论证，并防止对环境产生污染	9.0%

资料来源：作者自绘

对所选出的标准进一步分析，可以得到重要标准所属的一级指标的权重关系：场地环境规划设计要求，15.4%；节能与能源利用要求，93%；室内环境质量要求，66%；住区水环境要求，76.1%；材料与资源，97%。简化标准所在指标的权重，材料、能源项较高，水资料次之，而场地环境规划设计项最少。

筛选的34项标准还可以进一步归类简化。有些标准本身描述过细，例如水环境指标中的10项标准，主要围绕节水与在保障安全前提下对雨水、再生水的收集利用两方面的问题。有些标准的影响是多方面的，例如室内环境质量指标中的通风、日照标准，良好的自然通风与采光不仅能给人带来舒适的室内环境，同时也避免了机械通风与采光带来的能源消耗与温室气体的排放。而有些标准属于合理但难以执行和量化的，如室内环境质量指标中的平面布局合理。这点成立但较难控制。考虑到这些方面，需要对简化后的标准作进一步归纳总结。

7.2.3 标准的补充与完善

目前住宅绿色评估体系的标准设置，对于被动式设计手法重视力度不够。被动式设计手法与主动式手法相对，它是顺应自然界的阳光、风力、气温、湿度的自然原理，尽量不依赖常规能源的消耗，以规划、设计、环境配置的建筑手法来改善和创造舒适的居住环境。从标准的简化结果看，也没有涉及被动式设计手法的相关标准，因此，在《绿色建筑评价标准》中节能与能源利用指标中的控制项里选取“利用场地自然条件，合理设计建筑体形、朝向、楼距和窗墙面积比，采取有效的遮阳措施，充分利用自然通风和天然采光”标准进行补充。此外，由于简化结果中场地一项指标比重过小，因此重新从场地环境规划设计中补充若干项标准。

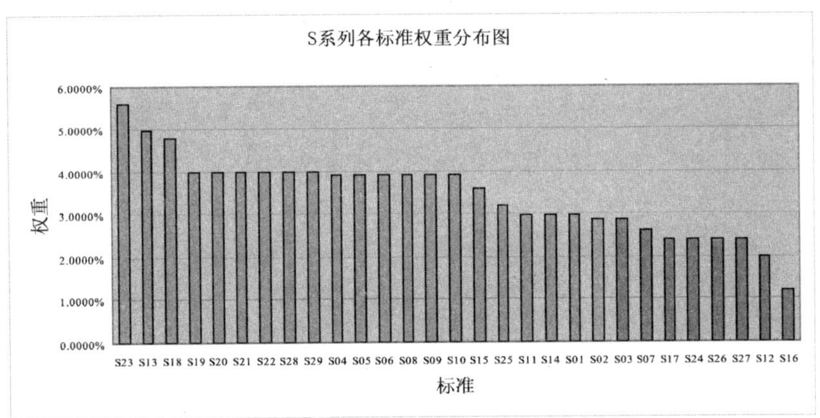

图7.3 场地环境规划设计指标的标准简化结果

资料来源：作者自绘

7.3 标准规模控制的工作成果

最终得出的住宅绿色评估体系标准优化成果如下（表 7.2）：

住宅绿色评估体系的优化成果 表7.2

一级指标	序号	标准
1 场地环境规划设计要求	1	住区内停车及道路组织安全、便利
	2	植物选择与搭配、水景设计能够改善住区微环境，提高生态效益
	3	保证必要的日照要求
	4	开发褐地
	5	开发具有城市改造潜力的地区
	6	“共享”综合设施
2 节能与能源利用要求	7	利用场地自然条件，合理设计建筑体形、朝向、楼距和窗墙面积比，采取有效的遮阳措施，充分利用自然通风和天然采光
	8	围护结构设计满足国家及地方节能标准要求，采取节能措施降低建筑全年耗热量和耗冷量
	9	优化建筑能源结构，比较不同能源系统的能量转换效率（ECC），择其高者实施
	10	减少集中空调采暖系统中输配系统的风机水泵电耗
	11	采用节能灯具和节能控制措施，降低照明系统能耗
	12	合理利用工业废热、空调余热和高效设备系统制取生活热水；采用集中生活热水系统时，提高能源系统的整体能量转换效率（ECC）和能量输配系数（TDC）
	13	提高可再生能源进行冬季供暖和夏季制冷的比例
	14	降低单位建筑面积各种污染物（CO_2、NO_x、SO_x，总悬浮颗粒物TSP）排放量，减少对大气环境的不利影响
3 室内环境质量要求	15	具有合理的空气温度调节范围
	16	减少外围护结构导致的不舒适性
	17	合理选择建筑构件，满足建筑隔声要求
4 住区水环境要求	18	节水率≥10%
	19	再生水利用率≥10%
	20	雨水处理与利用
	21	采取措施，确保再生水的水质安全卫生
5 材料与资源	22	使用可回收、再生和可再利用的建筑材料
	23	所用的建筑材料对环境影响较小
	24	了解当地建筑材料生产与供应的有关信息，尽可能就地取材
	25	旧建筑的改造与利用
	26	旧建筑材料的利用
	27	实行垃圾分类收集，采取减量化措施并及时清运

资料来源：作者自绘

第八章　城市住区绿色评估方法的生成

8.1　确定工作内容

探索城市住区绿色评估方法应深入思考住区引发的环境问题，基于现有住宅绿色评估体系，融合国外社区绿色评估研究与我国城市住区特点。

具体的工作过程如下：

一、分析我国城市住区生态系统的特点与问题。

二、在优选的住宅绿色评估体系标准的基础上，依据我国城市住区特点对所得标准进行拓展。

三、根据我国城市主要的 13 种环境问题建立标准的概念模型，应用灰色系统的方法对标准进行序化，计算出各项标准的权重，然后建立了设计阶段的城市住区绿色评估方法框架。

8.2　学习借鉴社区评估经验

8.2.1　国外社区绿色评估的背景

联合国第二次人类住区会议将“人人享有适当的住房”与“城市化进程中人类住区的可持续发展”作为重要议题。此后，国外发达国家的社区模式在可持续发展的理念下出现了飞跃。而与西方国家相比，我国城市居住形式主要是住区模式，而社区模式在我国的发展尚不成熟。

生态社区基于生态学原理，提倡人与自然的和谐，以生态技术为手段，高效使用资源和能源，营造自然、健康、舒适的人类聚居环境。国外生态社区以独立式住宅为主，人口数量与建设规模都比较小。大部分社区位于乡村或者城市郊区自然化程度较高的地带，处于城镇的生态社区则相对较少。这些生态社区多采用紧凑式的空间形态，即强调多种功能的混合。

最初国外学者对于生态社区的研究集中在建筑本身，20 世纪 90 年代后，学者们开始从城市空间角度研究社区的可持续发展问题。“紧凑型城市理论”认为密集型城市有助于减少城市对周围生态环境的侵蚀，从而降低人类活动对自然环境的影响；紧凑型城市能减少人们生活对道路交通，尤其是对私人汽车的依赖，从而减少化石能源的消耗和大气污染，控制全球温室效应的影响；紧凑型城市有利于形成资源、服务、基础设施共享，从而减少重复建设对土地的占用。

8.2.2 国外社区绿色评估的借鉴启发

前文已经论述了美国 LEED-ND 审议稿与英国零能耗标准，两者对于研究适用我国住区的绿色评估方法的借鉴之处在于：

（1）提高社区生态系统的阈值

社区是一种人工生态系统，和其他各类的生态系统一样，处于不断的运动之中。当系统平衡时，能量流动和物质循环较长时间地保持平衡状态。受外力干扰时，系统自我调节返回平衡状态。LEED-ND 审议稿倡导与英国零能耗标准混合式的土地利用、住宅布局以及新型的生活方式，还提倡对动植物栖息地或是湿地保护进行保护与恢复。这些措施有效地增强社区生态系统组成的多样性，增加了系统能流、物流循环的复杂性，从而能够提高社区生态系统的阈值，也即是提高了整个社区生态系统的自身调节恢复能力。

（2）减少建筑群的环境负荷

在美国 LEED-ND 审议稿与英国零能耗标准中，将社区中的全部建筑群视为一个整体。该评估方法通过控制整体的物质循环与能量流动方式来减少社区对于环境所施加的压力，即减少建筑群的环境负荷。

8.3 明确标准内容

8.3.1 标准选择

研究在上一章优化所得全部标准的基础上进行一定扩展。其目的是增加评估对于住区系统自我调节能力的描述，因此应该增加描述住区系统组成成分多样性以及能量流动和物质循环复杂性的标准。美国 LEED-ND 与英国零能耗标准都提倡混合式的土地利用、住宅布局以及新型的生活方式，LEED-ND 还提倡对动植物栖息地或是湿地保护进行保护与恢复。这些都是描述了社区生态系统组成成分多样性，增加能流、物流循环复杂性。相关标准获得高分意味着整个社区生态系统的自身调节恢复能力很强，也即社区生态系统的阈值较高。

在 LEED-ND 和零能耗标准两者的启发之下，探索我国新建的城市住区绿色评估时，可以在原有基础上增加以下内容：提高物种数量；动植物栖息地保护；湿地保护；建立生态物种廊道；混合居住，社区参与。

8.3.2 标准说明

（1）提高物种数量

从看不到的微生物到巨型动物，各种各样的生命形态，都可称为生物多样性。生物多样性指全球生态系统中存在的实际基因数目，基因数量决定了物种的数量。现有生物多样性存量是自然变异和选择的结果，物种灭绝不可逆，一旦损耗则难以恢复。目前全球物种以空前的速度灭绝，已达到自然灭绝速度的 1000 倍。若不保护生物多样性，也许在 25 年后地球上的物种将消失 1/4 以上。一个结构完整、服务性功能强的生态系统是人类生态的必需条件，而充足的生物多样性则是生态系统的基础。

（2）动植物栖息地保护

近年来生物多样性锐减的主要原因便是人类不重视保护栖息地。据统计，动植物栖息地面积减少 90% 可使生长于其中的物种减少一半。因此，保护城市住区，尤其是规模较大的城市住区的动植物栖息地对于提高物种数量意义重大。

（3）湿地保护

湿地具有丰富资源，还可以进行环境调节，带来巨大的生态效益。湿地可以提供水资源、调节气候、涵养水源、降解污染物，保护生物多样性。要保护湿地，就要求城市住区在建设时尽可能保留原生的湿地环境。建筑布局尽可能沿用保留的原生环境，并在设计及其后期的管理工作中，对原有湿地生态系统进行恢复。

（4）建立生态物种廊道

生态廊道是指与相邻两边、环境不同的线性或带状结构景观。一个异于周遭基质环境并且遍及地面的狭长地带，能将当地的小种群连接起来，使特定物种在斑块间迁移，增加种群间的基因交流，降低种群灭绝的风险。一般说来，生态廊道是野生动物移动、生物信息传递的通道。对动物个体，它是日常活动以及随季节移动的通道；对物种种群，它是种群扩散、基因交流，乃至气候变动时物种在分布区域间迁移的通路。生态廊道能为物种提供特殊生存环境或栖息地，增加斑块的连接度，利于物种的空间运动和基因交换，让孤立于斑块内的物种得以生存和延续。

城市住区生态廊道就是城市住区生态环境中呈线性或带状布局的，能够沟通连接空间分布上较为孤立和分散的生态景观单元的景观生态系统空间类型。城市住区生态廊道不仅仅是道路、河流或绿带系统，更是指由纵横交错的绿带和绿色节点构成的城市住区生态网络体系。

（5）混合居住

混合居住是针对我国当前的实际情况的提出。住宅在小区楼群组合、环境空间、单体建筑户型及平面布置、立面造型等富有变化。利用住宅类型的“多样性”使得住宅服务于多种人群。

（6）社区参与

社区参与泛指社区成员参与社区公共事务和社区公共活动，影响社区权力运作，分享社区建设成果的行为和过程。社区成员积极而富有成效的参与可以整合社区资源、强化社区功能、增强社区活力、培育社区归属感等活动，使居民与社区之间建立起协调发展、和谐有序的平衡关系。

（7）对待旧建筑的态度

我国每年老旧建筑拆除率占新建建筑面积的 40%左右，很多属于正常使用年限的建筑被强行拆除，大大缩短了建筑使用寿命，这也不符合建设节约型社会的要求，是造成资源浪费的又一大原因。我国普通建筑规定的合理使用年限是 50 年。但统计结果显示：我国建筑平均寿命不到 30 年。欧洲建筑的平均生命周期则超过 80 年。我们更应提倡通过维修更新，改善老旧建筑的居住环境，有效延长其使用年限。

8. 3. 3　标准组成

扩展标准后，形成城市住区绿色评估体系（表 8.1）的要素，其由 LR、P 与 Q 三大部分组成，其中 LR 部分包括减少能源消耗、减少资源消耗两部分，节地、节水、节材均整合进入减少资源消耗一项。

城市住区绿色评估方法的要素组成　　表8. 1

指标	编号	标准
LR1减少能源消耗	LR1-01	1 利用场地自然条件，合理设计建筑体形、朝向，有效的遮阳措施，充分利用自然通风和天然采光
	LR1-02	2 依据建筑节能规范提高围护结构热工性能
	LR1-03	3 场地内可再生能源的使用量
	LR1-04	4 场地外可再生能源的输入量
	LR1-05	5 场地内可再生能源向场地外的输出量
	LR1-06	6 空调设备的节约利用
	LR1-07	7 通风设备的节约利用
	LR1-08	8 照明设备的节约利用
	LR1-09	9 热水系统的节约利用
	LR1-10	10 公共交通的可达性
	LR1-11	11 配套设施的可达性
	LR1-12	12 鼓励自行车使用的措施
	LR1-13	13 步行系统的健全完善
LR2减少资源消耗	LR2-01	14 开发褐地（受高度工业污染的土地）
	LR2-02	15 开发具有城市改造潜力的地区
	LR2-03	16 “共享”综合设施
	LR2-04	17 节水器具的使用
	LR2-05	18 雨水涵养
	LR2-06	19 再生水、雨水利用
	LR2-07	20 有效灌溉
	LR2-08	21 旧建筑的改造
	LR2-09	22 旧建材的利用
	LR2-10	23 室内装修的一次到位

续表

指标	编号	标准
P 环境保护	P-01	24 全生命周期低环境负荷建材的使用
	P-02	25 屋顶、墙、楼板、热水贮存器等均不含持续消耗臭氧的物质
	P-03	26 使用NO_X的平均排水率低的采暖和热水系统
	P-04	27 根据CO_2固定量的考虑植物配置
	P-05	28 加大屋顶绿化与垂直绿化
	P-06	29 生活垃圾分类处理
	P-07	30 地表径流流速控制
	P-08	31 综合设施的光污染控制
	P-09	32 综合设施的噪声污染控制
	P-10	33 动植物栖息地保护
	P-11	34 湿地保护
	P-12	35 提高物种数量
	P-13	36 建立生态物种廊道
	P-14	37 混合居住
	P-15	38 社区参与
Q 健康与舒适性	Q-01	1 提高住宅构件隔声性能
	Q-02	2 降低环境噪声影响
	Q-03	3 设备的温度湿度控制调节
	Q-04	4 遮阳的控制调节
	Q-05	5 冷桥热桥控制
	Q-06	6 集中空调的通风系统控制
	Q-07	7 空气监测装置的设置

资料来源：作者自绘

8.4 建立计权结构

8.4.1 定权的重要性

权重引入评估体系有个发展过程。国外发达国家初期的环境质量评估比较注重环境指标中的硬指标即绝对指标，但后来逐步认识到它的局限性，一些新理论、新方法进入到环境质量评估中来。1965 年，美国俄亥俄州河流卫生委员会的 R.K.Horton 等人首先引入了权值，以表明水质指数中不同评价指标的影响和相对重要性的不同。这个权值是根据经验直接给出，并没有说明确定权值的根据。显然这种定权方法受人为因素影响很大。1970 年，美国的 R.M.Brown 等人收集了 142 位专家对九种水质评价指标重要性程度的打分结果，通过统计确定各个评估指标的权值，把推求权值的方法大大推进了一步。从此，开始了在环境质量评估中应用定权方法来尽可能科学地推求权值进行综合评估的历史。随着环境质量评估研究的不断深入，人们越来越认识到定权问题的重要性。为了使评估指标的赋权更加合理，评估结果更为准确和客观，围绕着定权方法展开了多方面的研究。

8.4.2 定权方法

建筑绿色评估体系中也有权重结构，相关定权方法主要有以下几种：

（1）经验权数法

经验权数法通常是由富有经验的专家和有关研究人员商定，把人们长期的工作经验和丰富的学识作为指派权数的依据。这种方法简便易行，但它实质上是使个人判断数的量化表达，带有强烈的主观成分，因而会影响计量的准确性和合理性，必须谨慎使用。

（2）专家咨询法（德尔斐法）

最初的专家调查法，是采用专家调查会的形式，将有关专家召集起来，向他们提出要预测的题目，让他们经过讨论作出判断。这种方法有一定效果，但也存在一些较为严重缺点，例如，与会者可能由于迷信权威而使自己的意见“随大流”，或是因为不愿当面放弃自己的观点而固执己见。鉴于传统的专家调查会的这些缺点，兰德公司（Rand Corporation）发展了一种新的专家调查法，取名为德尔斐法[1]（Dephi method）。这种方法的特点是采用寄发调查表的形式，以不记名的方式征询专家对某类问题的看法，然后再通过意见征询将经过整理的调查结果反馈给各个专家，让他们重新考虑后再次提出自己的看法，并特别要求那些持极端看法的专家，详细说明自己的理由。经过几轮反馈过程，大多数专家的意见趋向于集中，从而使调查者有可能从中获取大量有关重大突破性事件的信息。

为了提高德尔斐法的预测效果，一方面要慎重地挑选专家组的成员，另一方面要对征询的问题进行控制。问题通常会包括这些内容：评价预测期间提出各种课题的重要性；评价课题范围内各种事件发生的可能性和发生时间；评价对各种科学技术决策、技术装备、课题任务等之间的相互关系和相对重要性；评价对为了达到某个目标，需要采取的重大措施以及这些措施实施和完成的可能性和必要性。同时，在提出问题时，应该考虑到如何获得同类的和可以相互比较的回答，以便于在专家调查的最后阶段对评审资料进行处理和汇总。

德尔斐法与其他许多预测方法不同，不是非要以唯一的答案作为最终结果。其目的只是尽量使多数专家的意见趋向集中，但不对回答问题的专家施加任何压力。这种方法允许有合理的分歧意见。德尔斐法不是没有缺点的，有人认为这种方法的可靠性不够高，容易对不明确的问题过分敏感。

（3）层次分析法（AHP）

层次分析法是美国运筹学家 A.L.Saaty 于 20 世纪 70 年代提出一种定性与定量相结合的决策分析方法。它是一种整理和综合主观判断的客观方法，适用于多目标、多准则的复杂评价问题。它可以将复杂的问题分解为递阶层次结构，然后在比原问题简单的、层次上逐步分析。层次分析法可以将人的主观判断用数量形式处理，包括定量和不定量因素，能提示人们对问题的主观判断是否存在一致性。它强调人的思维判断在决策过程中发挥的作用。

层次分析法的基本原理是按问题要求建立一个描述系统功能或特征的递阶层次结构，由专家和决策者对所列指标通过两两比较确定重要程度（用 1~9 标度值表示），然后根据相对重要性序列，建立判断矩阵，通过矩阵的特征向量确定各指标权重，为决策分析提供依据。其核心是建立具体问题的层次结构模型和给出重要性判断矩阵。前者取决于研究者对具体问题的了解程度、专业水平，后者一般通过专家打分，并按相应的方法计算求得。

层次分析法适合于处理那些难以量化的复杂问题。由于决策者直接参与过程，决策者的定性思维过程被数学化、模型化，有助于保持思维过程的一致性。尽管层次分析法还是基于主观判断的基础上，但系统方法的使用大大减少了主观偏差。

（4）模糊数学方法

模糊理论是由美国自动化专家、加利福尼亚大学教授扎德（L.A.Zadeh）于 1965 年创建的，它是用数学方法研究和处理具有“模糊性”现象，通常称为模糊数学。模糊数学是以不确定性的事物为其研究对象，将人的主观思考和判断过程的、模型化，并以模糊集来做定量性处理的方法。模糊数学提供了一种处理不肯定性和不精确性问题的新方法，是描述人脑思维处理模糊信息的有力工具。因此它在其诞生至今的二十余年间，迅速发展，应用广泛。

（5）灰色系统分析方法

灰色系统理论分析（Grey System Theory）是由华中科技大学邓聚龙教授于 1982 年提出的新兴横断学科。灰色系统是介于白色系统和黑箱系统之间的过渡系统，含义是：如果某一系统的全部信息已知为白色系统，全部信息未知为黑箱系统，部分信息已知、部分信息未知，那么这一系统就是灰色系统。一般地说，社会系统、经济系统、生态系统都是灰色系统。

灰色系统理论是一种研究少数据、贫信息不确定性问题的方法，以“部分信息已知，部分信息未知”或不确定性系统为研究对象，主要通过对“部分”已知信息的生成、开发提取有价值的信息，实现对系统运行行为、演化规律的正确描述和有效监控。灰色系统理论的基本思想是把一切随机量都看作是在一定范围内变化的信息不充分、不完全的灰色量。对灰色量的处置不是找概率分布，求统计规律，而是根据处理方法寻找数据间的规律，其核心体系是灰色模型（GM），即对原始数据作累加生成（或其他方法生成）得到近似的指数规律序列再进行建模的模型方法。

灰色系统理论与其他理论相比有着独特的特点[2]：

一、只需少量数据就可作系统分析、模型建立、未来预测、行为决策和过程控制。

二、定性与定量相结合，允许研究工作从定性分析入手，或在所研究的系统内存在灰数（灰元、灰多数、灰色关系等），在建模的过程中使系统由灰变白，以此达到量化。

三、采用关联分析法。灰色关联分析就是对系统因素间作用与关联程度的序化、量化分析。由于关联分析法通过数据处理来分析和对待随机量，并发现规律，按系统因素的发展态势进行系统分析，因而可排除诸因素在系统中作用的相对主次顺序，确定其主要因素。

四、灰色预测模型建立的不是原始数据模型，而是生成数据模型。一般来说要高于其他方法的预测模型的精度。此外灰色预测模型还可以建立残差模型来提高模型的预测精度。

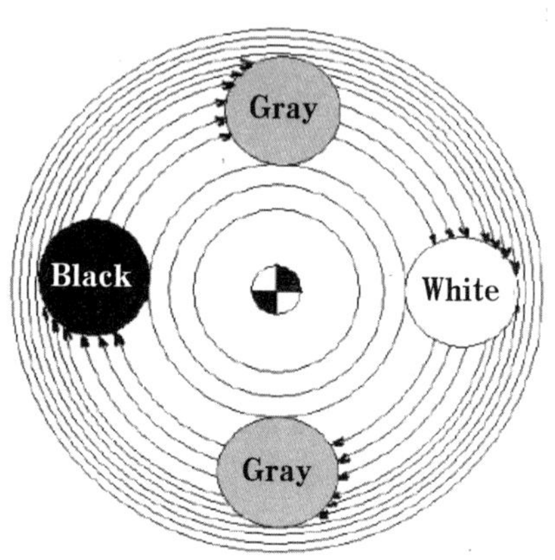

图8.1　灰色系统示意图

资料来源：郎君．灰色系统介绍．互联网

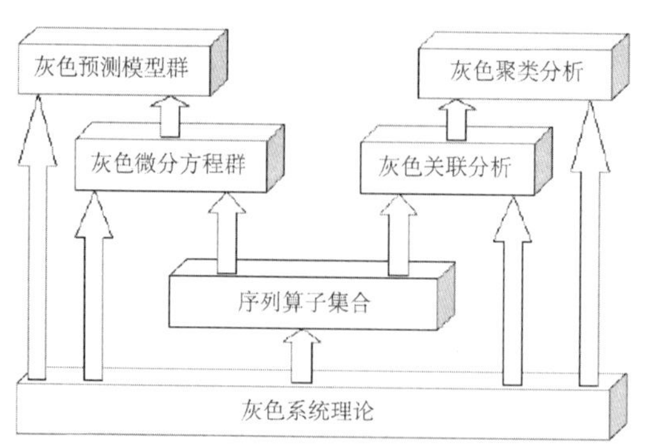

图8.2　灰色系统工具箱

资料来源：郎君．灰色系统介绍．互联网

8.4.3 权重确定

（1）基本思路

当标准确定后，需要用结构将之进行整合，即将标准序化的过程。研究的基本思路是：

首先，通过 LR、P 两大部分的标准与我国城市环境问题的关系来得出标准的权重；然后，采用自下而上的方式建构城市住区绿色评估方法的框架。

考虑到通常采用自下而上的方式需要基于大量的基础信息与数据，而目前国内相关的数据库尚未建立，因此论文设计了一个概念模型，发出调查问卷，对以上所得的标准与我国城市主要 13 种环境问题的关系进行打分，并应用灰色系统的方法求解，确定各项标准的权重。

（2）我国城市的环境问题

我国城市主要的环境问题如表 8.2 所示：

我国城市主要的13个环境问题 表8.2

序号	问题	内容
1	全球变暖	以CO_2为主的温室气体的排放
2	臭氧层破坏	以氟利昂为主的破坏臭氧层物质的排放
3	水环境问题	水资源的不合理使用
		水体污染
		如何进行水资源的再生利用
4	酸雨污染	以SO_2、NO_X为主的大气污染物的排放
5	生物多样性锐减	
6	资源与能源问题	能源的不合理使用
		如何进行可再生能源的利用
		资源的不合理利用
7	城市空气污染	SO_2的排放
		颗粒物排放
		室内空气污染
8	城市饮用水污染	
9	固体废物的污染	一般固体废物污染
		危险废物污染
10	噪声和振动污染	噪声污染
		振动污染
11	城市景观	建筑物、道路占地、绿化
12	光污染	白亮污染
		人工白昼
13	土壤污染	重金属、放射性等引起的污染

资料来源：环保总局调查报告

8.4.4 模型计算

（1）“自下而上”

权重的设计方式可以有很多种方式，可以自上而下，也可以自下而上[3]。目前我国住宅绿色评估体系多用自上而下的建构方式，采用专家法、AHP 法来制定权重系统。在这种模式下，指标的层次数量以及每项指标中的标准数量会相对固定，同时多层指标还可能会造成底层标准的无序。

为了克服这些不利影响，研究尝试建构一种“自下而上”的方式，将底层标准序化，在标准之间建立起相应的逻辑关系，作为对“自上而下”方式的有机补充。

（2）概念模型

论文依据灰色系统理论，设计了 8 项标准与 13 个环境问题关系的概念模型（图 8.3）。

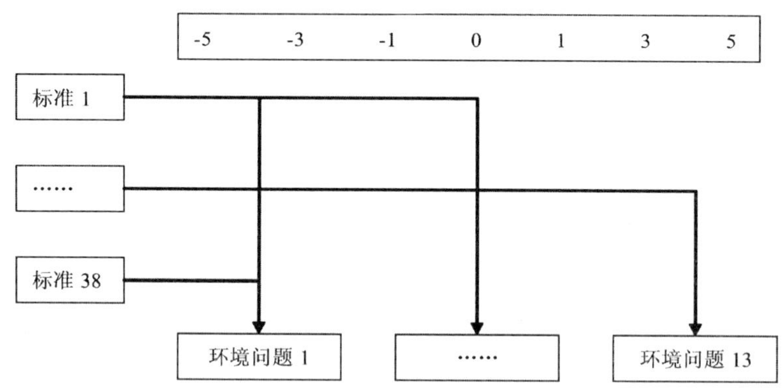

图8. 3　概念模型示意

资料来源：作者自绘

（3） 灰色判定

下面用灰色判定法对标准的权重进行求解，具体步骤如下：

一、发出问卷

向 20 位受访者发出问卷，并阐明问卷的目的和评判准则。发出问卷 20 份，收回 17 份。

二、求解

首先，定义计算所涉及的概念：

每份问卷得到的 38 项标准 S 在 13 个城市环境问题 C 中的分量为 1 个子权重 w；每个子权重可能的取值的集合为白化集 K；每个子权重的得分为这个标准在这个环境问题中的子权重值 w（s,c）；每份问卷中的子权重值的集合构成 1 个权重平面 W；以收回的 17 份问卷为纵轴，构成 1 个权重空间 Ω；每 1 个子权重的所有取值（这里有 17 份）的序列为该子权重的取值向量 V（s,c）。

显然，在这个权重空间里，每 1 个子权重值都是 1 个受访者的灰色判定，也是受访者对这个标准的认识。

纵向研究子权重的取值，对于每 1 个子权重的取值向量 V（s,c），该取值向量为 1 个灰色向量，根据我们对受访者的权威加权 E，从而计算得到该子分量的白化参考权重：

$$w'(s,c)=\frac{1}{\sum\{e\mid e\in\mathcal{E}\}}\mathcal{V}(s,c)^{T}\times\mathcal{E}$$

参考权重的检验：

$$\varepsilon=\frac{\sum\{|w'-v(s,c)|\mid v(s,c)\in\mathcal{V}(s,c)\}'}{\sum\{w'\mid v(s,c)\in\mathcal{V}(s,c)\}}$$

其中 ε 是残差。根据一般认可的检验方法，如果 ε <0.2 则认为能满足白化要求，如果 ε <0.1 则认为达到较高要求。否则，则需要重新筛选样本或更改权重 E。

随着计算机应用的普及，我们在求解 1 个可信的白化参考权重时，也可以在权重的白化集内遍历各个可能的白化值 w"（s,c,k）K，有：

$$\varepsilon(k)=\frac{\sum\{|w''(s,c,k)-v(s,c)|\mid v(s,c)\in\mathcal{V}(s,c)\}'}{\sum\{w''(s,c,k)\mid v(s,c)\in\mathcal{V}(s,c)\}}$$

从而得到残差集 E ={ ε （1）, ε （2）, …, ε （n）}，并且得到 1 个最优残差 ε (k')，其对应的白化值 k' 即我们得到的参考权重。

依次求解每 1 个白化后的参考子权重，即可以得到 1 个白化参考平面 W'，然后，通过简单求和：

$$w'(s)=\sum\{w'(s,c)\mid c\in C\}$$

可以得到每个标准的绝对权重，然后进行“归一”：

$$\overline{w}(s)=\frac{w'(s)}{\sum\{w'(s)\mid s\in S\}}$$

即得到这些标准的参考权重。（此步可选。归一到百分制更符合实际生活中人们的判断习惯，但是会引入对权重进行圆整而产生的舍入误差，在本案例的计算中，没有对最终的权重值进行归一处理。如果是对于评估所得的最终总分，则宜进行归一处理。）

8.4.5 权重组成

所求出 LR 与 P 部分总分为 92 分：LR1 部分 37.5 分；LR2 部分 18 分；P 部分 36.5 分。

城市住区绿色评估方法的权重组成　　　　表8.3

指标	编号	标准	权重
LR1 减少能源消耗	LR1-01	1 利用场地自然条件，合理设计建筑体形、朝向，有效的遮阳措施，充分利用自然通风和天然采光	5
	LR1-02	2 依据建筑节能规范提高围护结构热工性能	5
	LR1-03	3 场地内可再生能源的使用量	4
	LR1-04	4 场地外可再生能源的输入量	3
	LR1-05	5 场地内可再生能源向场地外的输出量	2
	LR1-06	6 空调设备的节约利用	3
	LR1-07	7 通风设备的节约利用	2
	LR1-08	8 照明设备的节约利用	3
	LR1-09	9 热水系统的节约利用	3
	LR1-10	10 公共交通的可达性	3
	LR1-11	11 配套设施的可达性	1.5
	LR1-12	12 鼓励自行车使用的措施	1.5
	LR1-13	13 步行系统的健全完善	1.5
LR2 减少资源消耗	LR2-01	14 开发褐地（受高度工业污染的土地）	2.5
	LR2-02	15 开发具有城市改造潜力的地区	1
	LR2-03	16 “共享”综合设施	1
	LR2-04	17 节水器具的使用	1
	LR2-05	18 雨水涵养	2
	LR2-06	19 再生水、雨水利用	2.5
	LR2-07	20 有效灌溉	0.5
	LR2-08	21 旧建筑的改造	3
	LR2-09	22 旧建材的利用	2.5
	LR2-10	23 室内装修的一次到位	2
P 环境保护	P-01	24 全生命周期低环境负荷建材的使用	15
	P-02	25 屋顶、墙、楹板、热水贮存器等均不含持续消耗臭氧的物质	1
	P-03	26 使用NO_X的平均排水率低的采暖和热水系统	1
	P-04	27 根据CO_2固定量的考虑植物配置	1.5
	P-05	28 加大屋顶绿化与垂直绿化	1
	P-06	29 生活垃圾分类处理	2
	P-07	30 地表径流流速控制	2
	P-08	31 综合设施的光污染控制	0.5
	P-09	32 综合设施的噪声污染控制	0.5
	P-10	33 动植物栖息地保护	2
	P-11	34 湿地保护	2.5
	P-12	35 提高物种数量	1.5
	P-13	36 建立生态物种廊道	2
	P-14	37 混合居住	2
	P-15	38 社区参与	2

资料来源：作者自绘

8.5 搭建整体框架

确定了所有的指标、标准与其权重之后，结合现有评估体系的必备条件，进一步整合调整之后，可以得出城市住区设计阶段绿色评估方法的初步框架。

城市住区绿色评估方法框架——LR1部分 **表8.4**

LR1 减少能源消耗（37.5分）		
目标：减少化石能源消耗		
必备条件1：住宅围护结构热工性能指标符合国家和地方居住建筑节能标准的规定。 必备条件2：当设计采用集中空调（含户式中央空调）系统时，所选用的冷水机组或单元式空调机组的性能系数（能效比）应符合国家标准《公共建筑节能设计标准》GB 50189中的有关规定值。 必备条件3：设置集中采暖和（或）集中空调系统的住宅，采取室温调节和热量计量设施。	1-1 充分利用场地条件	
		1-1-1 利用场地自然条件，合理设计建筑体形、朝向，有效的遮阳措施，充分利用自然通风和天然采光（5分）
	1-2 依据建筑节能规范提高围护结构热工性能	
		1-2-1 建筑节能规范提升等级1～3（5分）
	1-3 可再生能源的使用输出	
		1-3-1 场地内可再生能源使用量（4分）
		1-3-2 场地外可再生能源的输入量（3分）
		1-3-3 场地内可再生能源向场地外的输出量（2分）
	1-4设备的节约利用	
		1-4-1 空调设备的节约利用（3分）
		1-4-2 通风设备的高效利用（2分）
		1-4-3 照明设备的高效利用（3分）
		1-4-4 热水系统的高效利用（3分）
	1-5 交通的便利可达	
		1-5-1 公共交通的可达性（3分）
		1-5-2 配套设施的可达性（1.5分）
		1-5-3 鼓励自行车使用的措施（1.5分）
		1-5-4 步行系统的健全完善（1.5分）

资料来源：作者自绘

城市住区绿色评估方法框架——LR2部分 **表8.5**

LR2 减少资源消耗（18分）		
目标：减少土地资源、水资源与建材的消耗		
必备条件1：最低达到的节水率8% 必备条件2：水系统规划设计 必备条件3：各类水质达到相关国家规范标准 必备条件4：符合《民用建筑室内环境污染控制规范》GB50176的规定	2-1土地利用率的提高	
		2-1-1开发褐地（受高度工业污染的土地）（2.5分）
		2-1-2开发且具有城市改造潜力的地区（1分）
		2-1-3 “共享”综合设施（1分）
	2-2 室内节水	
		2-2-1节水器具的使用（1分）
	2-3 场地节水	
		2-3-1雨水涵养（2分）
		2-3-2再生水、雨水利用（节水率控制）（2.5分）
		2-3-3有效灌溉（0.5分）
	2-4 建材的回收利用	
		2-4-1旧建筑的改造（3分）
		2-4-2旧建材的利用（2.5分）
		2-4-3室内装修的一次到位（2分）

资料来源：作者自绘

城市住区绿色评估方法框架——P部分　　　表8.6

P　环境保护（36.5分）		
目标：减少城市空气污染、水污染、固体废弃物污染、光污染、噪声污染以及减少对物种多样性的破坏		
必备条件1：室内装饰装修材料满足相应产品质量国家或行业标准；其中材料中有害物质含量满足《室内装饰装修材料有害物质限量》GB18580～18588和《建筑材料放射性核素限量》GB6566的要求 必备条件2：隔离排放的氟化物 必备条件3：绿化率满足要求	3-1 使用低环境负荷的建材	
		3-1-1 全生命周期低环境负荷建材的使用（15分）
	3-2 城市大气污染	
		3-2-1 屋顶、墙、楼板、热水贮存器等均不含持续消耗臭氧的物质（1分）
		3-2-2 使用NOX的平均排放率低的采暖和热水系统（1分）
		3-2-3 根据植物CO_2固定量的考虑配置（1.5分）
		3-2-4加大屋顶绿化与垂直绿化（1分）
	3-3 减少固体废弃物的污染	
		3-3-1生活垃圾分类处理（2分）
	3-4 减少水污染	
		3-4-1地表径流的控制（流速减慢1～2级）（2分）
	3-5 减少光污染与噪声污染	
		3-5-1 综合设施的光污染控制（0.5分）
		3-5-2 综合设施的噪声污染控制（0.5分）
	3-6 场地原生环境的保护	
		3-6-1 动植物栖息地的保护（2分）
		3-6-2 湿地的保护（2.5分）
	3-7 物种多样性的恢复	
		3-7-1 提高物种数量（1.5分）
	3-8 与城市生态网络的联系	
		3-8-1 建立生态物种廊道（2分）
	3-9 社区生活的引导	
		3-9-1 混合居住（2分）
		3-9-2 社区参与（2分）

资料来源：作者自绘

城市住区绿色评估方法框架——Q部分　　　表8.7

Q　健康与舒适性		
目标：增加健康与舒适性		
必备条件1：符合相关住宅规范 必备条件2：维护结构热工设计符合《民用建筑热工设计规范》GB50176	4-1 声环境	
		4-1-1 提高住宅构件的隔声性能
		4-1-2 降低环境噪声影响
	4-2 设备的可调性	
		4-2-1 设备的温度湿度
		4-2-1 遮阳的
	4-3 围护结构的热舒适性	
		4-3-1 冷桥热桥
	4-4 机械通风	
		4-4-1 集中空调的空调通风系统
	4-5 设置空气监测装置	
		4-5-1 空气监测装置的设置

资料来源：作者自绘

8.6 城市住区绿色评估方法的特点与价值

8.6.1 对于现有住宅绿色评估体系的发展

与现有的住宅绿色评估体系相比，城市住区设计阶段绿色评估方法在目标概念、要素组成以及结构构成三个方面都具有自身的特点。

城市住区设计阶段绿色评估方法的基本目标是“四节一环保”。其中，节地、节水、节材归纳为减少资源消耗。评估方法提倡广义的环保，在单纯的环境污染减排基础上扩充了增加物种多样性的概念。评估方法将住区的生活环境放到整个自然的生态系统中来考察，将传统意义上的环境保护概念延伸到整个的生态系统的和谐统一中。

权重的设置既重视现实可能性，也注重对理想生活的探索。一、所有的标准在现有住宅绿色评估体系的标准的优化基础上发展而来，现实性较强；二、研究注意城市住区的能量传递和运动机理，以普遍联系的、动态协调的整体观思考问题，增加了与物种多样性、社区生活相关的若干标准。

目前住宅绿色评估体系常常采用“自上而下”来建立权重系统。自上而下的方法通常是从各种一级指标出发，采用专家法或 AHP 法等方法依次计算出各级指标标准的权重。研究采用“自下而上”的方式，按各种措施对于减少环境影响的能力进行分类，与“自上而下”的方法相比，优势在于体系灵活机动，利于发展更新。

城市住区设计阶段绿色评估方法与现有住宅绿色评估体系的对比　　表8.8

<table>
<tr><th></th><th>城市住区设计阶段绿色评估方法</th><th>现有住宅绿色评估体系</th></tr>
<tr><td>目标</td><td>四节与广义的环保</td><td>四节一环保</td></tr>
<tr><td rowspan="2">标准</td><td rowspan="2">包含对单体建筑对新材料、新技术的主动式设计的标准
包含被动式设计的标准
包含增加住区物种多样性的标准
包含引导社区生活方式的标准</td><td>以对单体建筑对新材料、新技术的主动式设计的标准为主</td></tr>
<tr><td>部分体系包含被动式设计的标准或是增加城市住区物种多样性的标准</td></tr>
<tr><td rowspan="9">指标</td><td rowspan="9">减少能耗消耗
减少资源消耗
加强环境保护
健康与舒适性</td><td>场地规划设计</td></tr>
<tr><td>能源</td></tr>
<tr><td>室内环境质量</td></tr>
<tr><td>水系统</td></tr>
<tr><td>材料与资源</td></tr>
<tr><td>土地资源</td></tr>
<tr><td>对环境的影响</td></tr>
<tr><td>提供的服务功能</td></tr>
<tr><td>运营管理</td></tr>
<tr><td rowspan="2">权重</td><td rowspan="2">“自下而上”建构
概念模型+灰色系统方法</td><td>“自上而下”建构</td></tr>
<tr><td>专家法或AHP法</td></tr>
</table>

资料来源：作者自绘

8.6.2 对现有城市住区模式的优化

与现有的城市住区模式相比，城市住区设计阶段绿色评估方法更加提倡社区生活的引入和社区网络的建立。我国城市住区目前的现状是内外有别、截然分开：城市中各式各样的住区一方面在努力完备自身的设施与环境，另一方面用围墙将自己与整个城市割裂开来，成为孤立的城中城。这使得城市住区中社区观念淡化，削弱了住区居获取归属感和认知感的基础。但当代的城市应该是有机开放的，而住区作为城市的基本组成细胞，必然要突破原有的空间隔离的状况，从城市整体功能布局出发成为城市组成的有机细胞，保证整个城市肌体的健全。因此，城市住区的绿色评估方法应该引导现有的住区模式进行优化。

本章注释：

[1] 德尔斐是古希腊传说中的神谕之地，城中有座阿波罗神殿可以预卜未来，故借用其名。

[2] 左书华. 灰色系统理论在河口学中的应用研究进展. 中国科技论文在线 http://www.paper.edu.cn

[3] 著名数学家阿兰×图灵在 1950 年预测，电脑有一天会达到人脑的水平。最初，科学家采用“自上而下”的方法来模仿人脑。这种方法是每当发现人脑的一种功能，设计师就编出一套软件，让电脑实现同样的功能。人们认为，随着程序代码逐渐积累，终有一天，电脑能够实现人脑的所有功能。但实践表明，这种从软件入手的想法行不通。大脑的本事是能够进行神经元编程，在思想和感受器之间传递电流。然而，模仿这种功能成为工程师不可逾越的高山，“在解决这个复杂问题的道路上，每个人都一次次碰壁，撞得鼻青脸肿”。虽然电脑的性能日新月异，软件汗牛充栋，但至今人类也没有揭开“意识之眼”的秘密，没能制造出一台能够编写音乐或掌控公司运营的电脑，也就是说，电脑仍然不会思考。集成电路发明人罗伯特×诺依斯 1984 年建议，改用“自下而上”的方式模仿人脑，也就是先绘出一份详细的大脑地图，把大脑内所有弯弯绕的细枝末节搞得清清楚楚，然后按照这份大脑地图，组装电脑。这样做出来的电脑，应该能和人脑有得一拼。

第九章　结语

20 世纪 80 年代后，绿色建筑思潮、理论研究和实践开始风起云涌。这是由于工业革命引发的技术至上发展模式割裂了人与自然的关系，带来地球资源过度消耗、环境污染、气候变暖等严峻的危机，使人们不得不在建筑设计中开始优先考虑生态环境问题，并将其置于与经济建设和社会发展同等重要的地位上。

当绿色建筑的理念日益成熟后，绿色建筑评估体系的出现为绿色建筑确立了统一的生态评价尺度，提供了衡量“建筑究竟在多大程度上与其所处的生态环境和谐相处”的依据。此外，绿色建筑评估体系还是指导与认证绿色建筑进行的关键工具，它体现了绿色建筑研究的科学性程度与操作性水平。

城市住区绿色评估体系是指导城市住区可持续发展的有利工具。为了吸引更多的人参与到绿色评估之中，为了评估体系能够真正指导我国城市住区可持续发展，完善评估体系并加强其指导作用尤为重要。

9.1　现阶段我国住宅绿色评估体系的不足之处

通过对国内外住宅绿色评估体系的对比分析以及住宅绿色评估体系在城市新建住区中的应用可以发现，我国现有的住宅绿色评估体系的指导作用主要存在着三点不足。

9.1.1　庞大的标准规模可能会削弱指导作用

通过文中的比较分析，可以发现我国住宅绿色评估体系设计阶段的标准规模与外国体系相比具有数量较大的特点，这主要由于我国的评估体系内容较为求全、覆盖面较广。然而这一特点可能会造成评估体系实际指导作用偏弱，因为过多的次要因素削弱了重要因素的关键作用。

9.1.2　对于被动式生态设计手法重视不够

建筑与气候的关系是一个古老而普遍的课题，建筑要根据气候特点合理有效地采取相应的措施。建设可持续发展的城市住区，可以利用大量的被动式生态设计手法来减少外界气候对室内舒适环境的不利影响。目前的大多数评估体系对这个方面的重视还不够。

9.1.3 单纯的住宅绿色评估体系对整个住区生态系统综合特点考虑不够

关注城市住区可持续的绿色评估研究，不应该仅仅局限于住宅本身的研究，更重要的是从宏观层面来思考，从区域角度来设计。住区处于整个城市的生态系统之中，孤立的研究住区或住区中的建筑都是不合理的。

9.2 城市住区绿色评估方法的探索价值

9.2.1 国内外相关的建筑/住宅/住区绿色评估体系的系统梳理

通过参阅大量国内外文献与实地调研访谈，在对国外建筑绿色评估工具、体系进行整体介绍和综合比较，对我国已经出现的建筑绿色评估体系的发展现状作了全面介绍，论文认为建筑/住宅绿色评估体系是一种对于可持续发展建筑系统进行描述的模型，在此观点基础上，深入分析了国内外主要的住宅绿色评估体系的要素与结构，对评估体系应用时的结果控制也进行了简要分析。

9.2.2 多住区案例、多评估体系的模拟应用比较分析

以深圳、上海、天津的三个城市新建住区作为应用对象，用四种主要的住宅绿色评估体系对三者进行设计阶段的模拟评估，比较我国评估体系的结果的一致性。通过统计学中关联分析的运用，设计了一种分析住宅绿色评估体系制定者与评估体系执行者之间的思路差异的方法。在案例样本研究中发现，评估体系实际执行者的工作思路与制定者设计初衷存在着较大差异。

9.2.3 以系统整合与学科交叉研究思路探索适应性、实操性较强的评估方法

为了突出现有住宅绿色评估体系设计阶段中重要标准的作用，应该认为应将现有评估体系该阶段的标准数量控制在一定范围以内，因此结合管理学的 80/20 定律，对我国现有的住宅绿色评估体系设计阶段的标准进行筛选。同时，依据我国城市主要的环境问题，在多种建筑绿色评估体系以及国外社区最新绿色评估经验的启发下，建立概念模型，以自下而上的方式建构了设计阶段城市住区绿色评估方法的框架。

附录　基于零能耗标准对生态家园体系的修订尝试

零能耗标准制定者基于零能耗标准对生态家园体系提出了修改完善的意义。这项研究工作是零能耗工厂自身的尝试，但是这种工作对促进生态家园评估体系的发展无疑是大有裨益的。

零能耗标准对生态家园体系的修订尝试　　表A.1

<table>
<tr><th>指标</th><th>二级指标</th><th>标准</th></tr>
<tr><td rowspan="8">能源1</td><td rowspan="3">CO_2
改动：把此项换为能源需求（以每层楼每平方米所耗能量W/m²计），因为削减能耗是首要目标</td><td>改动：目前如果按照建筑规范中最低燃烧标准燃烧天然气大约能达到75%。做得更好或做到碳中性并没有很多分数上的鼓励。因此，应该把满足建筑规范中最低燃烧标准定为0分，（做得不够好应得到负分）以此来鼓励开发商</td></tr>
<tr><td>增加：如果整个热水管道中的存水量低于1.5升有加分</td></tr>
<tr><td>增加：制订评分标准，描述室内低能耗照明的水平，以100%为满分</td></tr>
<tr><td rowspan="5">增加：可再生能源数量</td><td>增加：制订评分标准，描述公用能耗——水处理、水泵、路灯等，以W/m²或类似的单位计量</td></tr>
<tr><td>增加：制订评分标准，描述可再生能源占总能耗的比例（如果有向别的小区或者其他用途如交通提供能源的，此值可大于100%）</td></tr>
<tr><td>增加：本小区生成的可再生能源占总能耗的比例</td></tr>
<tr><td>增加：本地区生成的可再生能源占总能耗的比例</td></tr>
<tr><td>增加：地区外输入的可再生能源占总能耗的比例（“绿色”电力除外）</td></tr>
<tr><td rowspan="15">能源2</td><td rowspan="6">建筑围护结构热工性能</td><td>目前，比建筑规范U值高15%者得满分</td></tr>
<tr><td>增加：扩大评分标准的范围，比建筑规范U值高75%者得满分</td></tr>
<tr><td>增加：气密性标准，分数值包括建筑规范验收测试及两次换气测试</td></tr>
<tr><td>增加：如果没有过度暴露于阳光下或过度阴暗可以加分</td></tr>
<tr><td>增加：零供热住宅可以加分（定义此项是因为越来越多人使用电热器，而且电热器的功率越来越大。）</td></tr>
<tr><td>增加：达到BCO base制冷可以加分，如自然制冷或非机械制冷</td></tr>
<tr><td rowspan="9">增加：建筑内部系统性能</td><td>增加：按照BSRIA/CIBSE规范施工</td></tr>
<tr><td>增加：雇佣专业人员按照设计安装机电系统</td></tr>
<tr><td>增加：设计人员要监理安装和卸载过程</td></tr>
<tr><td>增加：提供针对一般读者的说明书</td></tr>
<tr><td>增加：有维护机制</td></tr>
<tr><td>增加：供货商要供应符合标准的设备</td></tr>
<tr><td>增加：用户控制界面是否简便易用，是否在方便操作的地方</td></tr>
<tr><td>增加：若被外部人员操作应快速闪烁</td></tr>
<tr><td>增加：对每个用户的计算机房、厨房、增湿器、制冷器应单独计费</td></tr>
</table>

续表

指标	二级指标	标准
能源3	晾衣物空间	增加：制订评分标准，利用日照而非烘干机晾衣面积大小
能源4	有生态标志的白色家电	提供关于A级家电的说明或提供A级冰箱
		提供A级洗衣机（及洗碗机）（及C级烘干机）
		增加：提供A+或A++级电器者加分
		增加：若提供电器，比仅提供关于电器的介绍得分高
能源5	外部照明	外部照明采用低能耗器材
		保安用照明PIR器材在建筑规范的标准之上每盏灯可以多150W
		增加：所有的灯用轻便型日光灯，带PIR/白天感应器
		增加：尽量避免光污染，评分方法参考ILE或类似标准
		增加：尽量能同时提供街道照明，包括安装的照明瓦数以满足照明要求
	增加：抵御气候的变化	增加：若在夏季最高温度低于目前室外温度而无需使用电器者加分
		增加：房间暴露在外而受热者可以加分（需定义程度），有夜间通风装置可以抵消部分夏季炎热者可以加分
交通1	公共交通	小区内80％的房屋距离公共交通站点1000m/500m内
		增加：100％的房屋在以上所说的距离内
		增加：若公共交通站点的规模大，可以加分，这使得高密度地区可因为大型公共交通系统而加分
		增加：小区的设计使得周边道路无需经常翻修者可以加分
交通2	垃圾存放	50％/95％的垃圾存放于地下停车场内并可以上锁
交通3	周边设施	餐馆及邮筒在500m距离内。
		下列设施应有5项在1000m距离内：邮局，银行，药店，学校，诊所，休闲设施，社区中心，公共建筑，儿童游乐场。
		增加：有托儿所的加分。
		到各处设施应有人行通道。
		增加：每户都有信箱的加分
		增加：小区内部有以上所说设施的加分
		增加：预备了菜场空间的小区加分
		增加：提供关于本地区内有机食物信息的加分，提供关于自种农作物信息的加分
	增加：其余与交通相关的项目	增加：小区内每人的工作空间（如12m²/人）
		增加：提供车辆共享服务的小区加分
		增加：使用电动交通工具减分
		增加：尽可能减小停车场面积（按与人数的比例计算）此项对高密度地区有利
交通4	住家/办公场所	小卧室或类似的房间内应有电源和电话插座
		增加：每户/每个工作场所都有宽带网络的小区加分
		增加：宽带每人网络接口数
污染1	HCFC排放量	隔离排放的氟化物来防止臭氧层变薄
污染2	NOx排放量	评分范围：高NOx排放量到低NOx排放量的锅炉
		增加：把评分范围扩大到包括新型低NOx排放量的锅炉
污染3	减少建筑表面径流	采取SUDS措施使得建筑表面径流的最高值降低50％
		采取SUDS措施使得屋顶的表面径流的最高值降低50％
		增加：采用分离表面者加分，有污水排放系统的小区加分
		增加：减少表面径流至无

续表

指标	二级指标	标准
污染3	增加：小区内水处理	增加： 有污水处理系统，从而减少对外部系统需求的小区加分，污水处理系统若扩容则再加分
材料1	木材：基本建筑材料	以下条目对隔墙，窗户内框，楼梯等适用，如果FSC在30%，60%，75%或以上（中度）
		增加： 使用再生木材或可重复使用木材
材料2	木材：室内装修配件	对屋顶装饰，窗户，厨房，门等适用，如果FSC在30%，60%，75%或以上（中度）
		增加： 使用再生木材或可重复使用部件
材料3	再生材料	户内及小区内的垃圾分类装置，地区内的垃圾收集及回收系统
		增加：使用五类垃圾分类标准（户内及小区内）
		增加：小区内垃圾分类和收集装置应在一起
		增加： 向住户提供本地垃圾回收系统的全面信息，包括所有25种可回收垃圾
		增加：在建筑过程中使用再生材料及可重复使用材料
		增加：小区内已有材料或建筑的保存率及重复使用率
		增加：维持或提高再生材料的可用性能
材料4	材料对环境的影响	从以下建筑主体部分中选择若干项，每项应最少有80%达到A级标准： 屋顶，外墙，内墙，地板，窗户，户外加工过的地面，篱笆
		增加：要使用本地区出产的材料
		增加：在材料运输和建筑过程中，应监控及减少能耗，废弃物，回收物和污染
水1	建筑内水的使用	目前的评分标准对满足建筑规范最大容量小于6升的抽水马桶有利
		增加：对满足建筑规范的抽水马桶定为0分
		增加：对静止时存水小于1.5升的热水管道加分
		增加：使用户外收集到的水
水2	建筑外水的使用	收集从“非绿色”的屋顶上流下的雨水给植物浇水
生态1	小区的生态价值	本小区是参考专家的意见在废弃建筑（或场地）上改造开发的
生态2	对生态系统的促进	本小区的设计采纳了生态专家的意见
生态3	对生态物种的保护	制订标准
生态4	小区生态功能的改变	在专家的指导下，通过采用“绿色”屋顶，栽种适合本地的植被等措施来适度提高生态功能及使物种多样化
		扩大栽种面积，增加更多适合城市栽种的植物种类
生态5	建筑占地面积	至少60%的建筑要满足楼层面积和与占地面积的比大于2.5
		至少80%的建筑要满足楼层面积和与占地面积的比大于2.5
		增加：此项是为高人口密度地区而设的，对高密度地区有利
健康1	日光	关于厨房内的日光有详细说明
		关于客厅内的日光有详细说明
		所有有人活动的房间都要能看到天空
		改变：制订日光评分标准，设定最低值，以保证高密度小区也有足够的日光
		增加：制订评分标准，描述人经常活动的房间的日照水平
		增加：制订评分标准，描述晚7时从座位看到的窗外景象，晚7时后的开放空间大小和通风水平
		增加：制订评分标准，80%的空间在白天应能自然均匀采光，所有通向建筑外的窗户都应有百叶窗

续表

指标	二级指标	标准
健康2	隔声效果	在建筑规范E（2003）的基础上，增加额外的测试
		每个类别约测试30%
		比建筑规定好3dB，并增加额外的测试
		比建筑规定好5dB，并增加额外的测试
		增加： 测试房间最高噪声水平时，要打开窗户
健康3	私人空间	包括阳台，统一设计的私人花园，屋顶平台
		增加：制订评分标准，描述无需供暖，阳光能照到的面积
		增加：制订评分标准，描述每人所拥有的花园面积
		增加：制订评分标准，描述花园及其他室外空间的日照水平
		增加：制订评分标准，描述300mm深处土质适合种植的程度，或500m内是否有供住户租用的菜地
	增加：室内舒适度/房屋质量	增加：制订评分标准，描述有多少种建筑材料及内部装修配件可供选择
		增加：制订了舒适度级别
		增加：制订评分标准，描述电扇开动时对供热系统（整套房屋的加热，制冷，温度恢复）的帮助，以1瓦/升计。
		增加：制订评分标准，描述电扇未开动时供热系统的效率（包括整套房屋的加热，制冷，温度恢复）

资料来源：www.zedfactory.com（作者自译）

参考文献

[1] 杨慎．房地产与国民经济．北京：建筑工业出版社，2002．1 ～ 293

[2] 汪光焘．大力发展节能省地型住宅——贯彻中央经济工作会议精神的思考．经济日报．第 5 版，2004.12.15

[3] 周曦，李湛东．生态设计新论——对生态设计的反思和再认识．南京：东南大学出版社，2003．1～132

[4] 吴良墉．人居环境科学皆论．北京：中国建筑工业出版社，2001．20～15

[5] 栗德祥，邓雪娴．人居环境积极化．北京：建筑学报，2003（1）．28～29

[6] 刘滨谊．走向可持续发展的规划设计——人类聚居环境工程体系化．北京：建筑学报，1997（7）．4～7

[7] 陈易．自然之韵——生态居住社区设计．上海：同济大学出版社，2003．1～107

[8] 宁艳杰，韩烈保，谢宝元．城市生态住区建设刍议．北京林业大学学报（社会科学版），2004（2）．65～68

[9] 陆雍森．环境评价．上海：同济大学出版社，1999．71～583

[10] 刘先觉．现代建筑理论．北京：中国建筑工业出版社，1999．39～537

[11] 仇保兴．推行绿色建筑　加快资源节约型社会建设．中国建设报．2005．09．13

[12] 张坤民，温宗国，杜斌，宋国君 等．生态城市评估与指标体系．北京：化学工业出版社，2003，1～465

[13] 张钦楠．建筑设计方法学．西安：陕西科学技术出版社，1995．1～297

[14] 胡永宏，贺思辉．综合评价方法．北京：科学出版社，2000．1～207

[15] 田蕾，秦佑国，林波荣．建筑环境性能评估中几个重要问题的探讨．武汉：新建筑，2005（3）．89～91

[16] 凌亢．中国城市可持续发展评价理论与实践．北京：中国财经经济出版社，2000．1～123

[17] 《可持续发展指标体系》课题组．中国城市环境可持续发展指标体系研究手册．北京：中国环境科学出版社，1999．1～144

[18] 栗德祥，江亿．对生态环境设计的认识和探索．北京：建筑学报，2004（3）．16～17

[19] 刘煜．国际绿色生态建筑评价方法介绍与分析．建筑学报，2003（3）．58～60

[20] 李路明，马健．“绿色建筑挑战”运动引介．新建筑，2003（1）．15～17

[21] 秦佑国，李保峰．“生态”不是漂亮话．新建筑，2003（1）．4～5

[22] 黄宁．建筑绿色评估体系及比较．北京：建筑学报，2005（1）．24 ～ 26

[23] 秦佑国．国外生态住宅评估体系．北京：国外环保动态，2004（4）．39～41
[24] 清华大学建筑学院，清华大学建筑设计研究院．建筑设计的生态策略．北京：中国计划出版社，2001．1～277
[25] 徐子苹，刘少瑜．英国建筑研究所环境评估法 BREEAM 引介．武汉：新建筑，2002（1）．55～58
[26] 清华大学土木工程系，北京市建设委员会．海外各国绿色建筑评估系统对比报告．筑能网，2005
[27] 湖南大学土木工程学院．可持续居住区评价指标体系设计研究．筑能网，2005
[28] 日本可持续发展建筑协会 编．建筑物综合环境性能评价体系——绿色设计工具．石文星译．北京：中国建筑工业出版社，2005．1～216
[29] 夏菁，黄作栋．英国贝丁顿零能耗发展项目．北京：世界建筑．2004（8）．76～79
[30] 宋晔皓．结合自然 整体设计——注重生态的建筑设计研究．北京：中国建筑工业出版社，2000．1～294
[31] 黄光宇，陈勇．论城市生态化与生态城市．城市环境与城市生态，1999（6）．21～23
[32] 翁晓红，姚劲，张帆．建筑装饰工程材料．上海：同济大学出版社，2002．6～176
[33] 朱欢．德国的低能耗住宅．世界建筑，2001（4）．34～36
[34] 徐强，陈汉云，刘少瑜主编．沪港绿色建筑研究与设计案例．北京：中国建筑工业出版社，2005，69～226
[35] 张晓洁．关于城市节约用水水平评价方法的研究．安徽建筑工业学院学报(自然科学版)，2001（2）．15～17
[36] 运迎霞，唐燕．对生态住区评估系统中权重问题的思考．北京：城市规划汇刊，2004（2）．81～84
[37] 秦佑国，林波荣．中国绿色建筑评估标准研究．北京：中国住宅设施，2005（7）．17～19
[38] 建设部住宅产业化促进中心．绿色生态住宅小区建设要点与技术导则．住宅科技，2001（6）．3～6
[39] 绿色奥运建筑课题组．绿色奥运建筑评估体系．北京：中国建筑工业出版社，2003．8～396
[40] 台湾内政部建筑研究所．绿建筑解说与评估手册，2001．1～70
[41] 清华大学建筑学院万科住区规划研究课题组，万科建筑研究中心．万科的主张．南京：东南大学出版社，2004．1～184
[42] 甄兰平，邰惠鑫．面向全寿命周期的节能建筑设计方法研究．建筑学报，2003（3）．56～57

[43] 刘启波，蒲济生．灰色聚类综合评价方法在住宅建筑方案选优中的应用．基建优化 2002（3）．13～15

[44] 刘启波，蒲济生．关联分析方法在建筑设计方案选优中的应用．基建优化，2002（4）．11～13

[45] 曾珍香，顾培亮．可持续发展的系统分析与评价．北京：科学出版社，2000．81～172

[46] 易正．中国抉择——关于中国生存条件的报告．北京：石油工业出版社，2000．299～314

[47] 金磊．城市灾害学原理．北京：气象出版社，1997．1～45

[48] 中国科学出版社编．国情与决策．北京：北京出版社，1991．23～124

[49] 邓聚龙．灰色预测与决策．武汉：华中理工大学出版社，1986．6～9

[50] 左书华．灰色系统理论在河口学中的应用研究进展．中国科技论文在线 http://www.paper.edu.cn

[51] 戴天兴．城市环境生态学．北京：中国建材工业出版社，2002．307～322

[52] 王的刚．论建筑的生态设计行为．建筑师（101），2003．23～25

[53] 薛志峰 等．超低能耗建筑技术及应用．北京：中国建筑工业出版社，2005，1～278

[54] 李忠尚．现代软科学．北京：人民出版社，1991．56～98

[55] 王南林．可持续发展环境伦理观．光明日报，2002 年 1 月 22 日 A4 版

[56] 鲍家声．可持续发展与建筑的未来—走进建筑思维的一个新区．建筑学报，1997（10）．44～47

[57] GB/T 50378 － 2006 绿色建筑评价标准．

[58] BRE. BREEAM. http://www.bre.co.uk/breeam. 2006.

[59] Veronica Shine, How To Design And Build A Green Office Building: The Complete Guide To Making Your New Or Existing Building Environmentally Healthy [M]. Atlantic Publishing Company (fl). 2009.

[60] Kiel Moe, Integrated Design in Contemporary Architecture [M]. New York: Princeton Architectural Press, 2008.

[61] Building Intelligence Group, Chuck Ehrlich. Intelligent Building Dictionary: terminology for smart, integrated, green building design, construction, and management (Hardcover) [M]. Hands-on-Guide. 2007.

[62] Hausladen, G., de Saldanha, M., Liedl P., Sager C.: ClimateDesign - Solution for Buildings that Can Do More with Less Technology [M]. Basel, Boston, Berlin, 2005.

[63] Raymond Cole, Nils Larsson. GBC 2000 ASSESS MENTMNAUAL:volume2. Green Building Challenge, 2000. 5-25.

[64] Nils Larsson, RaymondCole. GBC'98: Context, History and tructure, Green

Building Challenge98. 75-77.

[65] Raymond Cole, Nils Larsson. GBC 2000 ASSESSMENT MNAUAL:volume4: multi-unit residentiat buildings. Green Building Challenge 2000. 5-125.

[66] U S Green Building Council, LEED Green Building Rating SystemTM Version2.0, 2003. l-18.

[67] Stitt F A. Ecological Design Handbook-Sustainable Strategies for Architecture, Landscap Arcjotrctire. Interior Design&Planming New York, Mcgraw hill, 1999.

[68] Treloar GJ, Love P E D, Faniran, et al. A hybrid life cycle assessment method for construction construction Management and Economics, 2000. 5-9.

[69] Kamal M, AI-Subhi. AI-Hartri Application of the AHP in project management Intemational joumal of project management, 2001. 19-27.

[70] Cole R.J, Nils Larsson. Green Building Challenge2002. GBTool User Manual, 2002（2）. http://www.greenbuilding.ca.

后　记

本书根据作者的博士论文整理完善而成。

回顾博士研究的点点滴滴，衷心感谢导师栗德祥教授对我的无私栽培和谆谆教诲。在博士论文选题与撰写过程中，导师一直给予悉心的指导和帮助。导师的言传身教将使我受益终身。在“绿色建筑规划设计导则和评估体系研究”课题组工作期间，承蒙秦佑国教授、朱颖心教授的指导，林波荣博士与田蕾、谷立静、夏春海等同学的帮助，不胜感谢。

衷心感谢住区调研中给予大力配合的万科总公司与各子公司负责人，袁斌教授、孙克放总工在论文调研中给予的配合以及谭英博士、贾宁女士、黄俊鹏先生、张翼博士的资料支持。

对周毅刚、徐华昕、刘纯波等好友的支持表示感谢，对清华大学建筑学院生态设计工作室的全体老师及黄献明、刘晓波、邹涛、田野、夏伟、黄一翔、雷亮各位同门的帮助感谢，同时也对给予大力帮助的中国建筑工业出版社易娜编辑表示感谢。

特别感谢家人对我的关爱与付出。